農家が教える
酒つくり
SAKE TSUKURI

ドブロク、甘酒、ビール、ワイン、焼酎

農文協 編

おいしいよ
甘酒は冷凍庫に保存。甘酒と同量の
水を火にかけて塩をひとつまみ。後を
ひかない甘さが奥さんのお気に入り

モトづくり
ドブロクづくり
本仕込み
ビワの焼酎漬け
ポリ製の飯台で
材料をよく
かき混ぜてから
保温ジャーに
入れる
甘酒と
モトづくりは
温度管理が
簡単にできる
保温ジャー
を使う

農文協

自分でつくる喜び、つくり手で変わる個性

自分でつくるお酒はその土地の風土や天候に左右され、同じ味は二度と生まれません。そんなドブロクや甘酒などの酒つくりがいま、ひそかなブームの真っただ中。

２００３年にはじまった『どぶろく特区』は１７０カ所を超えました（２０２４年３月）。本書に登場する山口県防府市の特区でドブロクをつくる右田圭司さんは、自分で醸す魅力についてアツく語ります。

「日本各地で米も水も、気候も違うから、醸すままに個性豊かなドブロクがたくさんできる。ドブロクだからこそテロワール（土地の個性）が強くはっきり出る。それが最大の強みですよ。ワインでテロワールがもてはやされるように、いまどきはそういう魅力に人は惹かれる。」

魅力に惹かれるのは昔からののんべえばかりではありません。現在は、女性や若者からの関心も高まり、さまざまなつくり手が活躍しています。

この本は、農家の雑誌『現代農業』などの記事を再編集したものです。甘酒・ドブロク・ビール・ワイン・焼酎の基本のつくり方から、趣味の酒つくりを長年続けてきた農家の変わり種レシピまで、幅広く集めました。夏でも少量でも、手軽にできるこうじづくりの方法や、ワイン風味のアレンジドブロクのレシピなど、思わず試してみたくなるアイデアが満載です。

健康に楽しく、おいしいお酒が暮らしを彩ること間違いなしです。

２０２５年１月

一般社団法人　農山漁村文化協会　編集部

イラスト・ヨシダケン

目次

第3章 ビールをつくろう
――麦芽の甘さと自然な味わい

第4章 ワインをつくろう
――好みの果汁と酵母で楽しむ

第5章 焼酎をつくろう
――蒸留装置から至高の一滴

※執筆者・取材者の情報については、記事初出当時(『現代農業』掲載時など)のものです。

米からお酒ができるまで

日本酒は米とこうじと水から生まれるお酒。
米のデンプンが、こうじ（酵素）の働きで糖に変わり（糖化）、
酵母の力でアルコールが発生（発酵）して、酒ができる。

まとめ●編集部

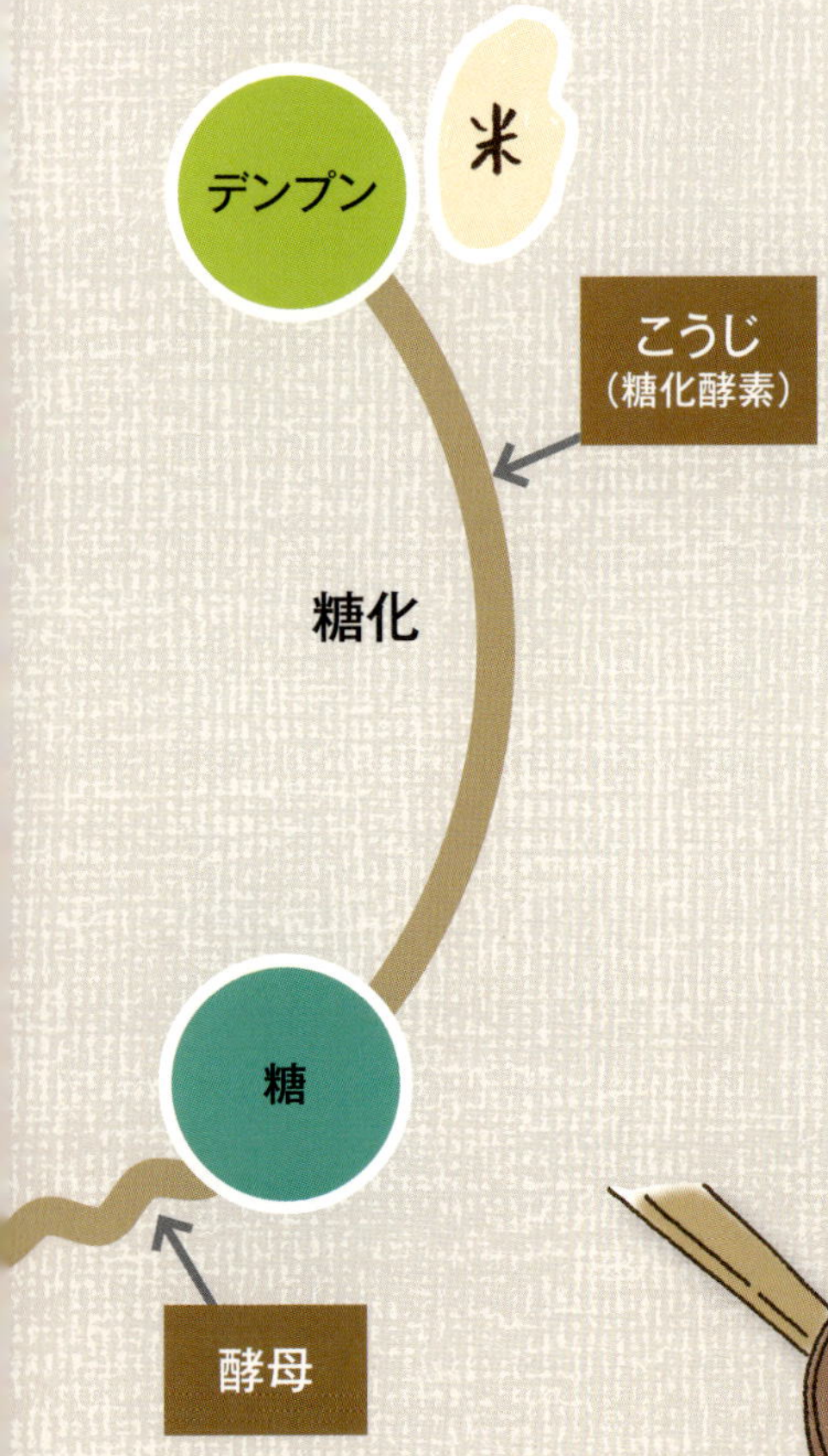

甘酒・ドブロク・日本酒のつくり方

もろみ

炊いた米、こうじ、水、酛を入れて混ぜる。

米こうじ甘酒

酛《もと》（酒母）

酛は酵母を培養した発酵液。もろみと同様、米、こうじ、水でつくる。酵母は繊細なので、一気に大量に仕込むと濃度が薄まり雑菌に負けやすくなる。酛としてもろみに入れると発酵環境が整いやすい。
酛の代わりに酵母菌を入れる場合もあるし、一度もろみをつくったら一部残して次に仕込む酛にすることもできる。

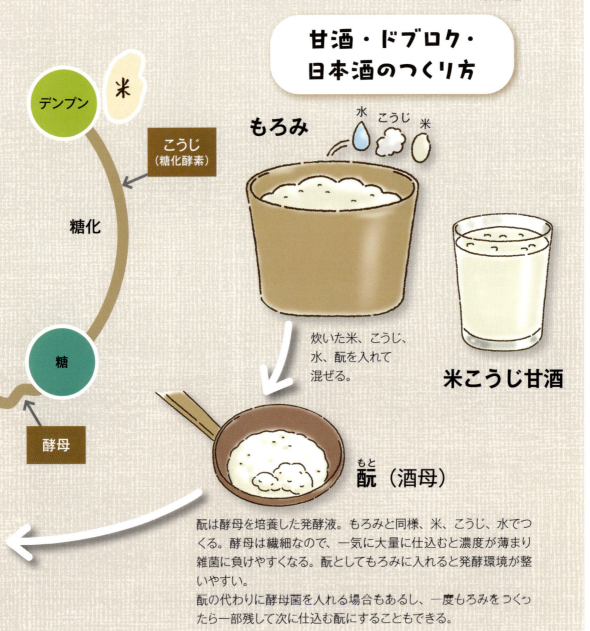

蒸留すると 焼酎
日本酒
搾っただけの「生酒」を、濾過・火入れしたものが「原酒」（アルコール度数20%ほど）。これに加水したり、ビン詰め前にさらに火入れ（低温殺菌＆酵素の失活）していろいろな種類の酒ができる。
アルコール
炭酸ガス
発酵
砂糖
搾る
ドブロク
早ければ3日ほどでできる。熟成させるほどに味が変化する。
酒粕甘酒

お酒の味は精米で変わる

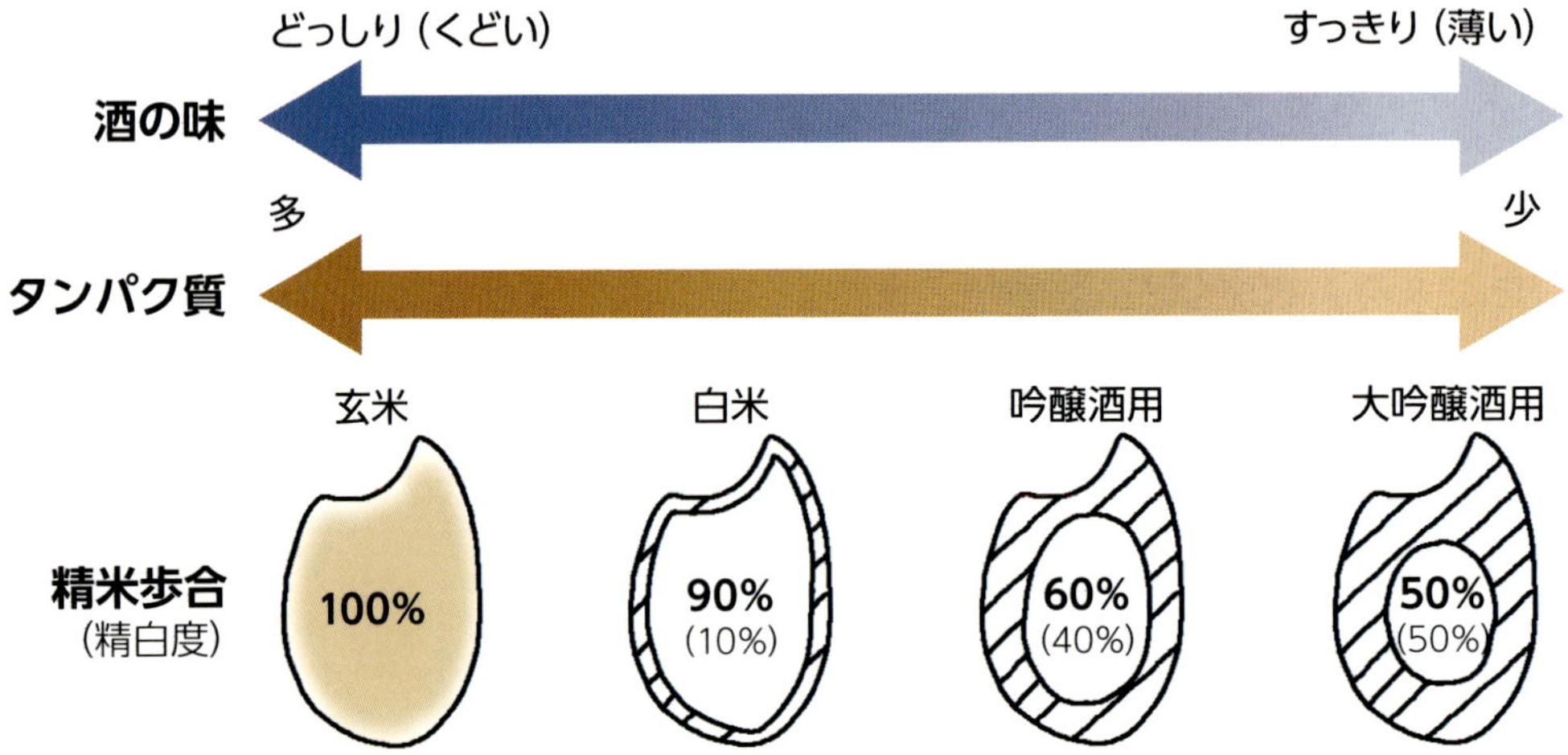

アミノ酸のもとになるタンパク質を多く残すと、酒はどっしり濃醇に、悪く言えばくどくなる。多く削ると、すっきり淡麗に、悪く言えば味の薄い酒になる。タンパク質は精米歩合 50％以上、脂肪は 80％以上で成分の減少が緩やかになる。

吟醸酒って何？

高精白（精米歩合60％以下、精白度40％以上）した酒米を低温で長期間発酵させてつくる酒。ゆっくりと殖える酵母は、リンゴやバナナなどの香りに似た「吟醸香」という香り成分を出す。低温発酵なので、香りが揮発しにくい。

おもな酒米

山田錦

2001年に五百万石を抜いて、作付面積第1位。晩生で濃醇な酒になりやすい。心白の大きさがちょうどよく、吟醸・大吟醸酒によく使われる。イネ姿は止め葉が小さく、大柄。着粒が少なく収量がとれにくいため、栽培しやすくした短稈の「壽限無」（福岡県）などがつくられている。

五百万石

現在作付面積2位。東北～九州で幅広くつくられる早生。山田錦より草丈がやや短い。着粒数が多く、多収もねらえる。粒が大きく心白も出やすいが、大きすぎて高精白しにくい。五百万石の心白を改良し、高精白にも耐える「越淡麗」（新潟県）、「楽風舞」（農研機構）などがつくられている。

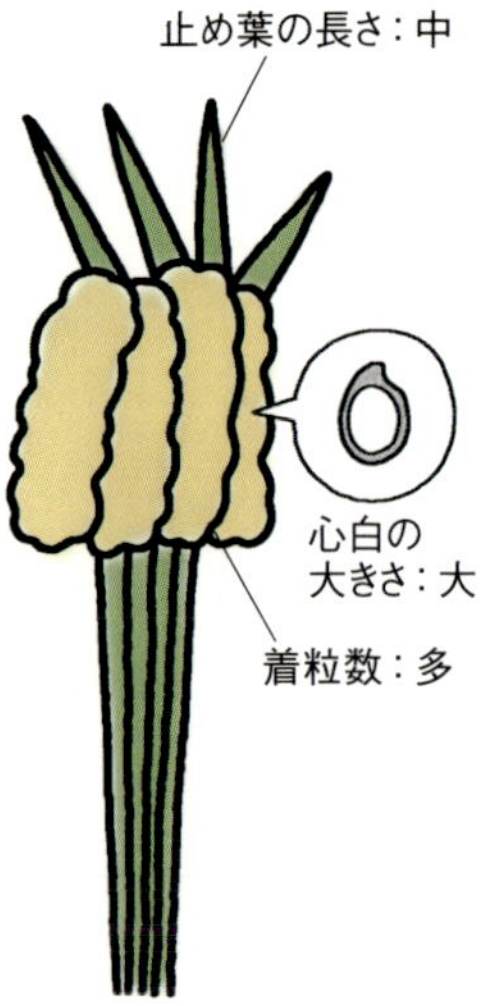

第1章 こうじ・甘酒をつくろう

——自然な甘み、体にもよし

誰でも簡単 ポータブルこうじづくり

千葉●中山淳子さん

中山淳子さん。「みずたま発酵くらぶ」で自家製酵母のパンづくり、味噌づくり、ぬか床づくりなどのワークショップを主催（写真はすべて佐藤和恵撮影）

保冷バッグを保温に使う

こうじは仕込んでから48時間ほど、温度を見ながらときどき切り返して手入れをする必要がある。家で2日間つきっきり、というのがハードルになって、挑戦できずにいたり、こうじづくりが「年に一度の大仕事」という人も多いのではないだろうか。

そんななか、「思い立ったらいつでもどこでもできるこうじづくりを考案しました」と中山淳子さん。「田んぼでも、オフィスでも、どこでも醸せます。難しそうな印象だったこうじづくりのハードルを思いっきり下げちゃってます！」。特別な道具はなし、電気も使わない。中山さんの息子さんも、小学5年生の夏に自由研究で挑戦し、一発で成功したのだとか。

名付けて「ポータブルこうじづくり」。ポイントはお弁当などを入れる保冷バッグを保温に使うこと。これでどこにでも持ち運べる。３００gと少量でつくるので、温度が上がりすぎる心配も少なく、初心者でも扱いやすい。こうじを仕込むというと冬のイメージだが、夏なら保温にそこまで気を遣わなくていいのも魅力だ。

保温バッグでつくったこうじと、こうじドリンク

少量を日常的につくる

「ちょっと甘酒が飲みたいな」「塩こうじを仕込みたいな」と思ったら、使い切れる分をちょこちょこつくる。甘酒や塩こうじを使った夏の絶品こうじドリンクもおすすめ（レシピはｐ15）。

前日にも2人にこうじづくりをレクチャーしたという中山さん。取材中も温度や手入れの確認も兼ねた進捗報告が届き、「また2人、こうじづくりができる人が増えました」と嬉しそうだった。

出先でバッグを開いて、お弁当を食べるのかと思いきや、こうじの手入れ。仕込んだこうじをあちこち連れていき、大事にこうじ菌の生長を見守れば一粒一粒に愛着も湧いてくる。ピクニックみたいにみんなの「もふもふ」なこうじたちを持ち寄って醸す。そんな発酵ライフを目指す中山さんに、ポータブルこうじづくりを教えてもらった。

最後の12時間で味が変わる

手順は簡単、蒸した米に種こうじを振りかけて包んで保温するだけ。あっという間に仕込みが完了した。できあ

← 14ページに続く

ポータブルこうじづくり

1 日目

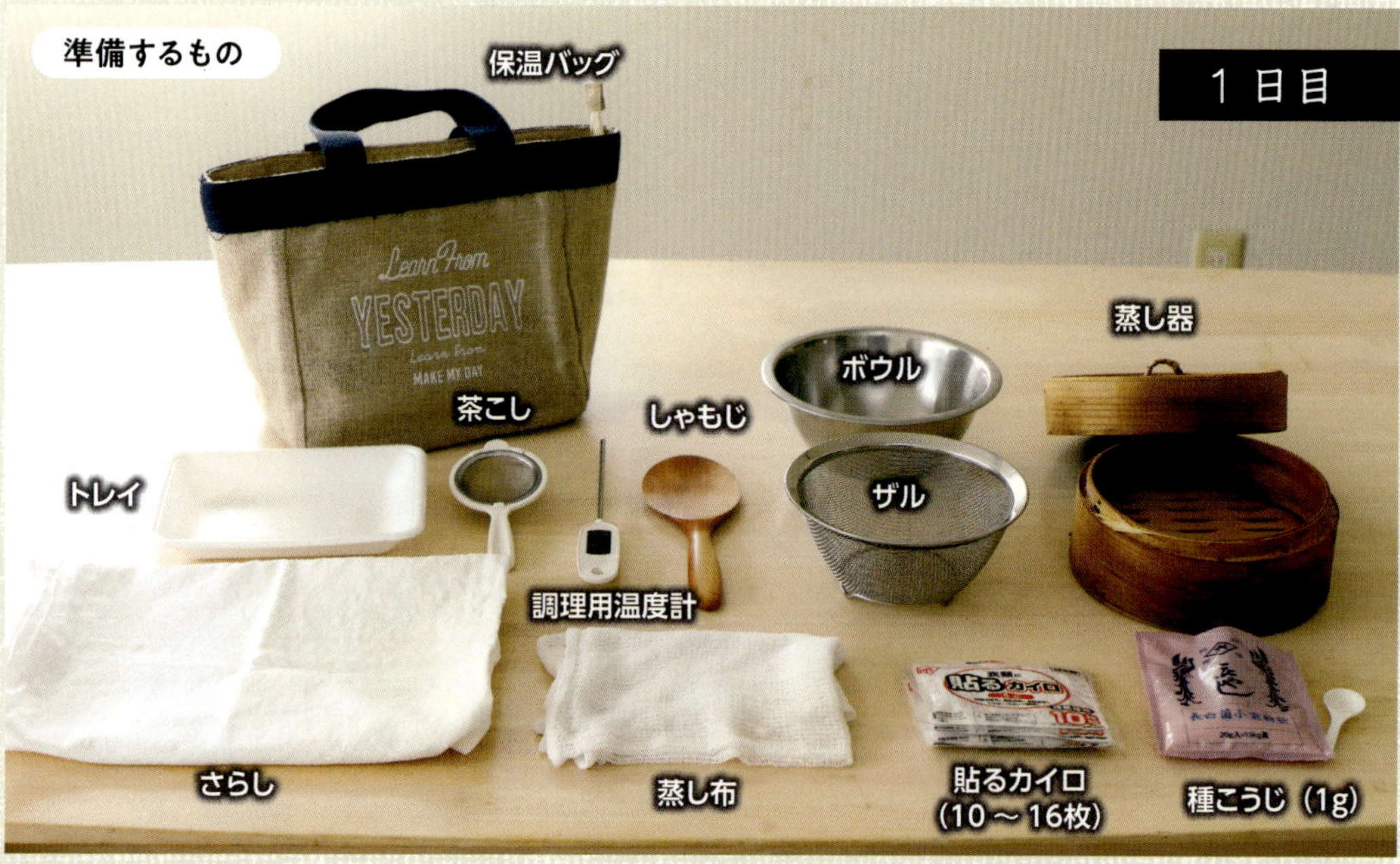

その他、材料のうるち米 (300g)、保温用のタオルや布巾1 ～ 2枚

1 洗米・浸水

ボウルに米を入れ、水を替えながら 3 回ほどざっと洗い (とがない)、たっぷりの水に一晩以上浸ける。指で潰して粉状になれば OK。

2 水切り

ザルに上げ、10 ～ 15 分水を切る。ザルをゆすって無理に水切りをすると米が砕けてしまうので注意。

3 蒸米

米を蒸し器に平らに入れて強火で 40 分蒸す。米を潰し、もちのように粘りが出たら OK。

こうじづくりのスケジュール
(前日に洗米・浸水しておく)

1 日目
- 8：00　蒸米
- 9：00　種切り・保温
- 21：00　切り返し

2 日目
- 9：00　盛り
- 午後　1～2回手入れ
- 21：00　温度チェック

3 日目
- 9：00　完成、出麹

4 種切り

（こうじ菌を米につける）

さらしの上で米をしゃもじで切り混ぜ、45℃まで冷ます。種こうじは茶こしで2回に分けてふりかける。

米一粒一粒に菌をまぶすイメージで手でほぐしながら混ぜる。温度が下がりすぎないよう注意

5 包み込み

米を一つにまとめ、ギュッと山にする。温度計を挿して米の中の温度を測り、30℃以上になっていればOK。

山にしたこうじをさらしで包む

6 保温（品温 34 ～ 38℃で 12 時間）

布巾にカイロを 4 枚貼って包む。大きいカイロ1枚より小さいカイロを数枚貼ると微調整しやすい。

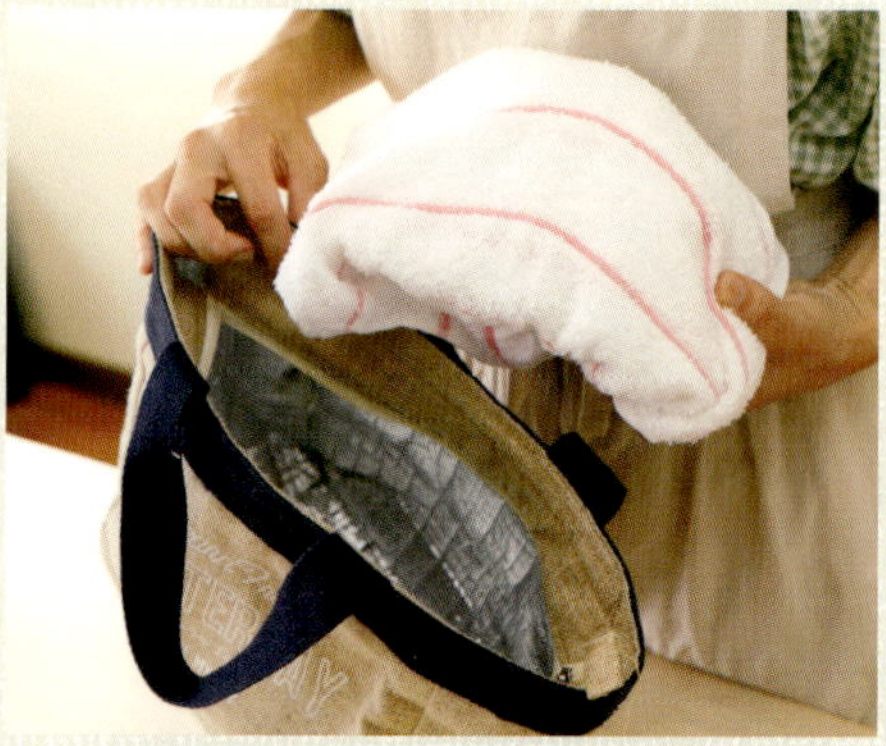

さらにタオルや布巾で包んで保温バッグに入れる。慣れないうちは 1 ～ 2 時間おきに温度をチェックし、カイロの枚数やタオルの枚数で調節する。

7 切り返し（種切りから 12 時間後）

温度を均一にするため全体を混ぜ返す。米同士がくっついてきていて、なんとなく甘い香りがしていたらこうじ菌の生長は順調。再び包み込み、品温 36 ～ 40℃で 12 時間保温。

2日目

8 盛《も》り（種切りから 24 時間後）

全体が固まり、甘い香りがしていれば OK。2日目からはこうじ菌が殖えて塊のままだと温度が上がりすぎるので、ほぐしてさらしごとトレイに移し、厚さ 2㎝を目安に米を平らにならす。新しいカイロに貼り替え、トレイごとタオルで包み、バッグに入れてまた保温。

9 温度チェック、手入れ（盛りから 4 ～ 8 時間）

2 日目は温度が上がりすぎないように気を付ける。品温が 38 ～ 40℃になったら一度切り混ぜて手入れをする。

10 温度の最終チェック（種切りから 36 時間後）

品温 38 ～ 43℃になっていたらこのままの温度を 12 時間キープ。菌糸の生長の妨げになるのでここからはもう混ぜない。

もふってて
なんか萌えるな〜
かわいい……

11 完成、出麹《でこうじ》

（種切りから48時間後）

1枚の板のようになり、菌糸でもふもふしていたら完成。ポリ袋へ入れて冷蔵。すぐに使わないときは冷凍する。

米粒を割ってみて、中まで菌糸が食い込んでもふもふしているものが半分以上あれば十分

甘酒のつくり方

準備するもの

- もち米ご飯（うるちでも可）60g
- こうじ 60g
- 水 90mℓ　• 温度計
- 保温できるスープジャー（容量 200 〜 300mℓ）

作り方

❶ジャーにあらかじめ、熱湯を入れ温めておく。

❷小鍋に水を入れ沸騰したら火を止めご飯を入れ混ぜ 65℃に冷ます。

❸こうじを加えて混ぜ、温度計を鍋に挿し入れ、常に混ぜながらとろ火にかける。

❹ 65℃になったら火を止めジャーに入れ、8 〜 10 時間で完成。

*真冬は発酵中に冷めることがあるので途中で温めなおす。

塩こうじのつくり方

準備するもの（できあがり 350g）

- こうじ 150g　• 塩 50g
- 水（ミネラルウォーターがおすすめ）150mℓ
- フタ付きの保存容器

作り方

❶こうじと塩を保存容器に入れ混ぜたら水を加える。2〜3時間するとこうじが水を吸うので、ひたひたになるくらい（大さじ1程度）足し水をする。

❷フタをして直射日光の当たらないところ（常温）に置き、1日1回混ぜる。

❸こうじがやわらかくなりトロッとしたら食べてみて、甘みや旨みを感じたら完成。夏場は1週間、冬場は10日から2週間ほどかかる。

*冷蔵保存で半年で使い切る。

左から、甘酒スイカジュース、塩こうじモヒート（ノンアル）、塩こうじレモンスカッシュ

がったこうじを食べてみると、ホクホクとクリのような風味で甘く、噛めば噛むほど旨みを感じてとてもおいしい。

　こうじづくりは最後の12時間の温度でできあがりの味が変わる。こうじ菌がつくり出す主な酵素はデンプンを分解して糖に変えるアミラーゼと、タンパク質を分解してアミノ酸（旨み）に変えるプロテアーゼ。この2種類の酵素バランスが温度によって変わるのだ。40～43℃の高めの温度でキープすればアミラーゼが活性化して甘みの強いこうじに、30～36℃の低めの温度でキープすればプロテアーゼが活性化して旨みの強いこうじに、36～40℃でキープすればバランスのよい味になる。

　仕込んだこうじでどんな発酵食品をつくるか考えながら、温度を調整するのもこうじづくりの楽しみだ。

夏を乗り切るこうじドリンク

　できたこうじは味噌や醤油や漬物といろいろ使えるが、お手軽なのは塩こうじと甘酒。加工が簡単で消費もしやすいのでおすすめだ。

　中山さんは、こうじや自家製酵母を使ったおやつとドリンクを提供する「みずたま発酵かふぇ」を月に2回オ

塩こうじモヒート（ノンアル）

ミントを贅沢に使った塩こうじモヒート。大人の味で発酵カフェでも人気の一品。

材料

- ミントシロップ（ミント 50g、水 300mℓ、てんさい糖 150g）　大さじ2
- ライム　1/2 個（1枚飾り用にスライスして残りは搾る）
- ミント　適量（粗く刻む）
- 塩こうじ　小さじ 1/3
- 炭酸水　•氷

つくり方

❶ミントシロップをつくる。鍋に水とてんさい糖を入れて沸騰させ、ミントを入れたボウルに注いでフタをして 15 分蒸らす。キッチンペーパーでこしてできあがり。

❷グラスにミントシロップと刻んだミントを入れて混ぜ、搾ったライム、塩こうじ、氷、炭酸水を注ぎライムスライスを飾る。

塩こうじレモンスカッシュ

夏にピッタリのレモンスカッシュ。
塩こうじを入れることで味が締まって塩分補給にも。
さわやかさの中にもコクのある味。

塩こうじ入りのレモンスカッシュづくり。
少し足すだけでも存在感を発揮する

材料

- 生レモンシロップ（レモン、てんさい糖）　大さじ2
- 塩こうじ　小さじ1/ 3
- 炭酸水
- レモンスライス　1～2枚
- ミント（飾り）　•氷

つくり方

❶生レモンシロップをつくる。レモン果汁を搾り、皮もすりおろす。同量のてんさい糖と合わせて溶けたらできあがり。

❷生レモンシロップと塩こうじ、氷を入れ、炭酸水をグラスに注ぐ。レモンスライスとミントを飾り、よく混ぜて飲む。

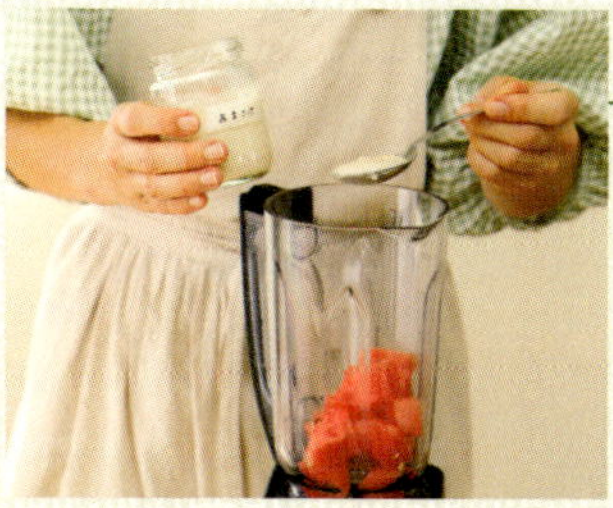
甘酒で自然な甘さのスイカジュースができる。冷たい甘酒はイチゴやトマトとも好相性

甘酒スイカジュース

甘酒×スイカは相性バッチリ！
見た目も鮮やか、
甘酒パワーで夏バテ対策にも。

材料

- スイカ　カットしたものを 200mℓグラスに山盛り1杯分
- 甘酒　大さじ1　•塩　ひとつまみ

つくり方

材料をすべてミキサーにかけるだけ。氷を入れてもいいが、カットしたスイカをあらかじめ凍らせておくとスムージーのようになって、また違う食感が楽しめる。

ープンしている。カフェのメニューでもある、塩こうじを使ったレモンスカッシュとノンアルコールモヒート、季節の果物でつくる甘酒ドリンクのレシピを聞いた。

（千葉県銚子市）

稲こうじからつくったこうじを自家製ダイズにまぶして、味噌玉づくり

稲こうじ
古代米の穂につきやすい。これが出る年は豊作になるといわれる（編）

味噌・甘酒・醤油づくりに

稲こうじから自家製こうじ

奈良●羽間絵里奈

奈良県の大和高原で、米や茶などを自然栽培で育てています。

10年ほど前、田んぼで初めて稲玉を見つけ、村の方から稲こうじだと教わりました。菌も自給できればと稲こうじを丸ごと粉砕して蒸した玄米にまぶして発酵させてみましたが、さまざまな色のこうじになってしまいました。その後、千葉県の酒蔵に木灰を使う方法を教わり、うまく培養できるようになりました。

稲こうじは、古代米を収穫してはざ掛けした後、ムシロに広げて仕上げ干しをするときに手で拾い集めます。米1kgに必要な種菌は4gほどなので、稲こうじが2、3粒あれば十分です。

できたこうじで味噌や甘酒、塩こうじ、醤油など何でもつくります。塩も海水を煮詰めてつくるので、菌も含めて100%自家製です。

（奈良県奈良市）

1 玄米２合(少量のほうがつくりやすい)を洗う。菌が食い込みやすいよう、ザルで洗って擦り傷を付ける。

2 玄米を丸１日水に浸けてから蒸し器で、指でつぶせるくらいまで蒸し、小さじ半分ほどの木灰（わが家では茶の木灰を使用）をまんべんなくまぶす。アルカリ性に弱い他の菌が淘汰される。

3 40℃くらいに冷めたら、稲こうじ２粒を全体に行き渡るように擦り込む。

稲こうじを使ったこうじづくり

4 もちを入れる木箱（あるいは木やプラスチックなどの浅めの容器）に布を敷き、玄米を移す。布でくるんでから湯たんぽの上に置き、さらに箱ごと毛布で包んで保温する。

5 玄米が発熱するまでは、湯たんぽが冷めたら温め直し、保温を続ける。発熱したら湯たんぽを外す。玄米が熱くなってきたら攪拌して熱を逃がす。３日ほどで白い菌糸が生えてくる。

6 放置して７日ほど経つと緑色の胞子が舞うようになる。これでこうじの完成。封筒など紙袋に入れて保存する。

こうじとお湯だけ、つくるのも簡単

酸っぱくならないペットボトル甘酒

長崎●崎田妙子

炊飯ジャーでつくると長持ちしない

　私は黒毛和牛20頭を飼育する繁殖農家です。飼料イネは4ha、牧草は3haほどつくっています。夫は市議会議員、長男は公務員で2人とも多忙なため、牛の管理はほぼ毎日私の仕事です。

　私が甘酒づくりを始めて5年ほどになります。飲む点滴と流行り始めた頃に、甲状腺中毒症を患い、動悸や息切れや頭痛といった不快症状に悩まされていました。牛の管理もけっこう忙しいため、不快症状を何とかしたいと思ったのがきっかけです。

　最初は市販の甘酒を買って飲んでいましたが、毎日飲み続けるには割高なので、インターネットでつくり方を調べて、自分でつくり始めました。米3合でおかゆをつくり、こうじとお湯を混ぜて炊飯ジャーで5時間くらい保温しておく方法です。

　おいしくできましたが、約2時間おきにかき混ぜる作業が必要で、忙しい私にとっては苦になりました。

　それにもまして困ったのは保存です。できた甘酒はペットボトルに入れて冷蔵庫で保存していましたが、冷蔵状態でも発酵が進み、ペットボトルのフタを半開きにしておかないと甘酒が噴き出してしまうし、時間が経つと少し酸っぱくなって最後まで飲みきれませんでした。

こうじだけでつくると簡単でおいしい

　時間のロスを少なくしてもっと簡単にできないものかと思案し、考えついたのが、ペットボトルにこうじを直接入れ、60℃くらいのお湯で保温するつくり方でした。

　失敗してもまあいいかというつもりで、最初は2ℓのペットボトル3本分だけつくってみました。するとスッキリした甘さの甘酒が簡単にできてしまったのです。冷蔵庫で保存すると、おかゆでつくる甘酒と違って発酵が進まないことにも気づきました。念のためペットボトルのフタを半開きにして保存していましたが、いつまで経っても酸っぱくなりません。むしろ冷蔵庫で保存しているうちに、つくってすぐよりも甘みがだんだん増しておいしくなっていきます。

　いまではたびたびつくるのが面倒なので、漬物樽を利用して、一度に2ℓのペットボトル10本分作っています。

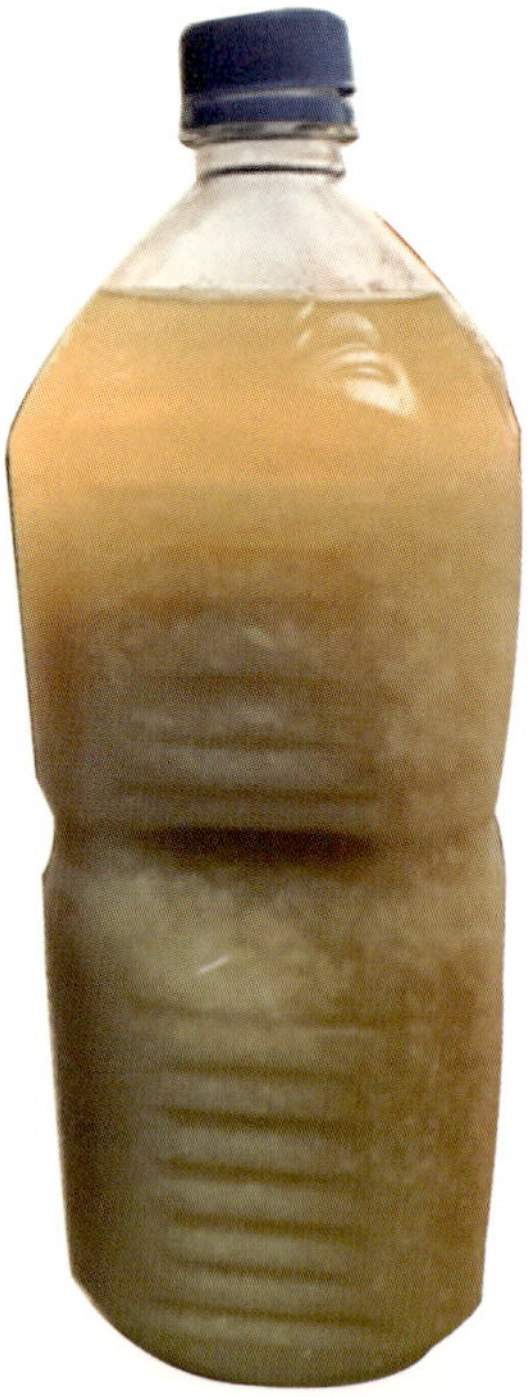

完成したペットボトル甘酒。こうじだけでつくる甘酒はスッキリとした甘さが特徴

こうじとお湯だけでつくるペットボトル甘酒（約2ℓ分の場合）

①

1　こうじ600gをダマにないようにほぐしてから、広口の漏斗を使ってペットボトルに入れる（写真①）。

2　60℃くらいのお湯をペットボトルの肩の高さまで入れ、フタをする（写真②）。

3　ペットボトルを上下に振って、こうじとお湯を混ぜ合わせる。

4　ペットボトルを発泡スチロール箱などに入れ、お風呂よりも少し熱いと感じる温度のお湯をペットボトルが隠れるまで入れて保温する。

5　１時間ほどしたら手を入れてみて、温度が下がっていたら熱いお湯を足す。その後も、１時間おきに確認し、常にお風呂よりも少し熱いと感じる温度を保つ。確認のたびに、ペットボトルを上下に振って、中身を混ぜ合わせる（写真③）。

6　３〜４時間保温したら甘くなっているか一度味見をする。甘みが出ていたら、あとは箱に入れたままの状態で、ペットボトルの中身が常温になるまで冷めたら完成。

7　冷蔵庫で保存すれば、１カ月経っても酸っぱくならずおいしく飲める。

ここまで
お湯を入れる
上下に振って
混ぜ合わせる
②

冷めたら
お湯を足す
③

詳しいつくり方は上のとおりです。保温するときはお湯を足す作業が面倒に見えるかもしれませんが、冷めていなければ足さなくて大丈夫です。ブクブクわくことなく、ゆっくりと発酵が進むようで、冷蔵庫で保存している間に、泡が噴き上がるようなことも絶対にありませんのでご安心を。

こうじだけでつくるので、おかゆでつくる方法よりもこうじ代はかかりますが、酸っぱくなって飲みきれないことがないので、この方法が私は気に入っています。

わが家ではできあがった甘酒を毎日朝食代わりに１人２００㎖ずつ飲んでいます。甘酒を飲むようになってから、嫁は肌荒れが気にならなくなりました。私はもう５年近く飲み続けていますが、その間一度も風邪をひくこともなく、インフルエンザにもかかっていません。肌のシミも薄らぎましたし、体がだるく重い感じがするということもなく、スッキリした毎日を過ごしています。継続は力なり、真にそう思います。

（長崎県松浦市）

酸っぱくならずに夏まで飲める、味噌みたいな甘酒

栃木●藤掛一則さん

栃木市の藤掛一則さんは、甘酒やコンニャク、ポップコーンなどを手づくりして食べるのが大好きです。そんな藤掛さんに、冬に一度つくれば夏までおいしく飲める甘酒のつくり方を聞きました。

もち米を1升炊いて、粒が残る程度にもちをつき、できあがったものに米こうじ1～2升をほぐしながら混ぜます。容器に詰めて、常温で1週間～10日ほど置き、味噌のようなペースト状になったら完成。

お湯や水で溶かして飲めば、「感動するほどおいしい」そうです。涼しい所に置けば、酸っぱくなることなく、夏まで楽しめます。

知り合いの味噌屋さんから聞いたこの甘酒、じつは、「もち甘酒」という栃木県の郷土料理。いまつくっている人はほとんどいないそうですが、昔は、年末のもちつきの最後にもち甘酒もつくっていたそうです。

（栃木県栃木市）

赤米・黒米・緑米でカラフル甘酒

茨城●橋本和子さん

茨城県笠間市に住む橋本和子さんの古代米の甘酒は、県のコンクールで知事賞などを受賞したおいしい甘酒です。

種類は赤米、黒米、緑米の全部で三つ。それぞれ桜色、紫色、ほんのり若草色とカラフルです。黒米の甘酒はコクや深みが特徴的。赤米はサラッとした飲み心地で甘さ控えめ、お米の風味がします。緑米は一番甘くなり、こうじの独特な風味がなく飲みやすいそうです。

なんでもおいしい飲み方は甘酒と水を1対1の比率で鍋に入れて、弱火で沸騰させずに温めることだとか。一袋税込400円で売っています。ぜひご賞味あれ。

さらに、「甘酒をつくり続けたらスギ花粉症が治ったのよ」と和子さん。飲むだけでなく、仕込むときに空気中のこうじを吸い込むのがいいんだそうです。これも、「農家が教える免疫力アップ術」の一つですね。

（茨城県笠間市）

※現在では赤米・緑米甘酒の製造は中止しているが、いずれ再開する可能性もあるとのこと。

昔ながらのつくり方の生甘酒。賞味期限は短いが、生きたこうじ菌たっぷりで飲むと元気になると喜ばれている

生甘酒のつくり方

❶米 7.5 カップに倍の量の水を入れて軟らかめに炊いたら、粗熱を取るため、さらに水を加えて60℃になるまで冷ます。

❷米こうじを 55℃のお湯で混ぜ、❶に加えてよくかき混ぜる。

❸保温器に入れ、一定の温度（55℃が適温）を保ちながら、４～５時間ほど保温したらできあがり。温度が高いと甘みが出ない。

飲んでよし、砂糖代わりにもよし

人気の生甘酒は ドレッシングや料理にも使える

鹿児島●中間キヨ子

生甘酒でめざす 農民の健康づくり

農事組合法人どんどんファーム古《ふる》殿《どの》は、平成８年に機械共同利用組合を立ち上げ、転作水田でダイズ栽培を中心に、一集落一農場をめざして取り組んできました。平成17年４月に鹿児島県で第１号となる農事組合法人を設立し、「美しい集落環境を守る」をモットーに、荒廃地を出さないよう、高齢化によるリタイア農家の農地の集積を進めてきました。

生甘酒づくりは古殿農民の健康づくりをめざして平成10年から取り組み始めました。

飲みたいときにすぐに飲めるよう容器はペットボトルにしました。夏は氷を入れて、冬は温めて飲むとおいしいです。ただし、こうじ菌を生きた状態でいただくために60℃以上には温めないようにします。疲れたり、食欲のない夏などに生甘酒を飲むと元気が出ると喜ばれます。

砂糖代わりに料理にも活用

生甘酒は砂糖の代わりとしても使えます。卵焼きや煮物をつくるときに生甘酒を使うことで、卵焼きはふんわりと仕上がります。煮物は使う量がたくさんなので、砂糖よりもコストは少々上がりますが、照りが出て深い味になります。

また、タマネギドレッシングに砂糖代わりに加えると、甘みが抑えられて素材の味が生き、大人の味のドレッシングになります。生甘酒を使ったタマネギドレッシングは商品化して販売していますが、人気商品になっています。

地産地消でファンを増やす

生甘酒やドレッシングなどの加工品は、以前は道の駅などで販売していました。しかし、地域には車を運転できないお年寄りも多い。まず地元の人たちに知ってもらい、食べてもらいたいと、毎月10日に「10日市」を開いて、味噌、甘酒、ドレッシング、団子などを販売するようになりました。

そのうちに「弁当をつくってほしい。そばなどを食べられるところがほしい」という声が寄せられ、平成28年３月に、待望の農家食堂「であえーるどんどん亭」がオープンしました。現在主婦7人で運営し、どんどんファームでとれた米やムギ、ソバ、タマネギ、サツマイモなどの安心安全な農産物を使って地産地消でがんばっています。地域の方からは、食堂に来ることで、人と出会えて会話ができてありがたいと言われています。現在は週３日だけの営業なので、毎日開店が今後の目標です。

私たち自慢の生甘酒は、賞味期限が短くて近隣での販売に限られますが、もっともっとたくさんの人に飲んでほしいと思っています。

（鹿児島県南九州市）

バナナジュースのつくり方

材料（2人分）
- バナナ　1本　・牛乳　200㎖
- 甘酒　大さじ2～3杯

つくり方
1. バナナを2㎝くらいに切る。
2. ミキサーにすべての材料を入れ、撹拌する。

毎日飲んで風邪知らず
甘酒入りバナナジュース

宮崎●山下千幸

インターネットで調べてみると、炊飯器の保温を利用すれば、6時間程度で失敗せずにおいしい甘酒がつくれる方法が載っていました。以来、この方法で甘酒をつくっています。こうして自作した甘酒を、飽きずに毎日飲めるようにと思いついたのが、甘酒入りバナナジュースです。

ジュースのせいかわかりませんが、飲み始めてから、風邪をひいたり、体調が悪いということもなくなりました。

（宮崎県日南市）

スムージーのつくり方

材料のベースはもち米を炊いてこうじと混ぜて寝かせた「甘こうじ」とバナナ、リンゴ、夏ミカンもしくはレモン。野菜は、コマツナ、ホウレンソウ、ベカナ、ニンジン、レタス。野草はヨモギやスギナ、ドクダミなど。これらの野菜や野草を2～3種類加える。

甘こうじを大さじ2杯に対して、リンゴを1/8個、バナナ1/3個、それに野菜や野草を適量、氷と炭酸水などを加えてミキサーにかけるだけ。リンゴとバナナを加えると野菜や野草の青臭さがとれるので、必ず入れることにしている。ドクダミは多く入れすぎると飲みにくくなるので、2～3枚までに。

夏に甘こうじスムージー

広島●佐々木保子

いつものコマツナやドクダミが入った緑色スムージーと、イチゴとニンジンを入れたオレンジ色スムージー

（広島県東広島市）

第2章
ドブロクをつくろう
——酒の濁りは文化の旨み

飲んで素肌美人、浸かってあったか
ドブロクは最高の発酵食品！

高知●今西美穂

ドブロクといえば三原村

高知県西南地域の三原村というところで米とドブロクをつくっております、今西美穂です。実家も兼業農家で子どもの頃から米づくりを見てきました。７㎞離れた部落に嫁いで20年ほど経った２０００年頃になると、米の価格低迷が続き、「どこまで下がるんだろう。このままでは水稲農家は経営が困難になるのでは」と不安に思っていました。

そんななか、小泉政権下でどぶろく特区の制度が始まりました。昔から三原村はドブロクの匂いがあるところで、04年にいち早く特区の認定を受けました。

現在は農家民宿と農家食堂合わせて5軒で製造しており、県内では「三原村といえばドブロク」といわれるようになりました。

土佐三原どぶろく合同会社のメンバー。右から2番目が筆者

つくり手に立候補

三原村が特区に認定されたとき、つくり手の募集がありました。何でもつくるのが好きなお姑さんと「やってみようか？」と思いきりました。何もかも初めてのことばかりで、お姑さんと二人三脚で頑張りました。まずは「どぶろく祭り」開催を目標に、昔ながらの三原村のドブロクの味に近づけようと試行錯誤の日々でした。翌05年に初めてどぶろく祭りが開催されると、大雨にもかかわらずたくさんの人がおいでくださいました。

甘口の「このこ」、辛口の「あのこ」、オール三原産の「みはらのこ」

ドブロク風呂やドブロク鍋が人気

三原村のドブロクは火入れをしない

生のドブロクなので、体にいい菌を生きた状態で摂取できます。そのパワーはヨーグルトよりもあるんじゃないかと思っています。酒と聞くと一歩引いてしまう方もいますが、最高の「発酵食品」であるドブロクは適量をたしなむと体にも美容にもとてもよく、夜におちょこ1杯飲むと、朝の肌がしっとりしているように感じます。

私が経営する農家民宿では、ドブロクをお鍋に入れて粕汁風にした「ドブロク鍋」や、薪風呂で入る「ドブロク風呂」があったまると人気です。お風呂には、お客さんが残したり、飲み頃を逃してしまったドブロクのオリを、お茶碗1杯分入れます。排水溝の詰まりが気になるときは目の細かいネットに入れてあげるといいです。

ドブロクづくりに終わりはない

三原村は、米づくりとは切っても切れないところだと思っていました。ずっと米づくりをしたいという思いが、米に付加価値を付けてドブロクとして販売することにつながったと思います。ドブロクをつくって17年経ち、自分たちも特産品づくりの一端を担っているのかなと思えるようになりました。一方で、気温や天気に左右されやすいドブロクづくりはいつまで経っても勉強だなとも思います。

現在は三原村の5軒の農家で「土佐三原どぶろく合同会社」を立ち上げ、ドブロクと甘酒の製造販売をしています。老若男女に対応できるように商品をそろえて頑張っています。

（高知県三原村）

お手軽版

ドブロクのつくり方

まとめ●編集部

❶米3合を、2合炊くときの水（約750mℓ）で硬めに炊く（炊飯器の普通炊きでよいのでお手軽）。

❷容器に炊きたての❶と冷水を入れて混ぜる（ご飯が発酵に適した40℃ほどに冷める）。ほぐしたこうじ、イースト菌、ヨーグルトの種菌（雑菌を抑え、適度な酸味を与える）も加えて混ぜる。

❸フタを軽くかぶせ、春〜秋は常温、冬は暖房のきいた部屋に置く。半日後には泡立ってくる。3日後くらいから飲める。

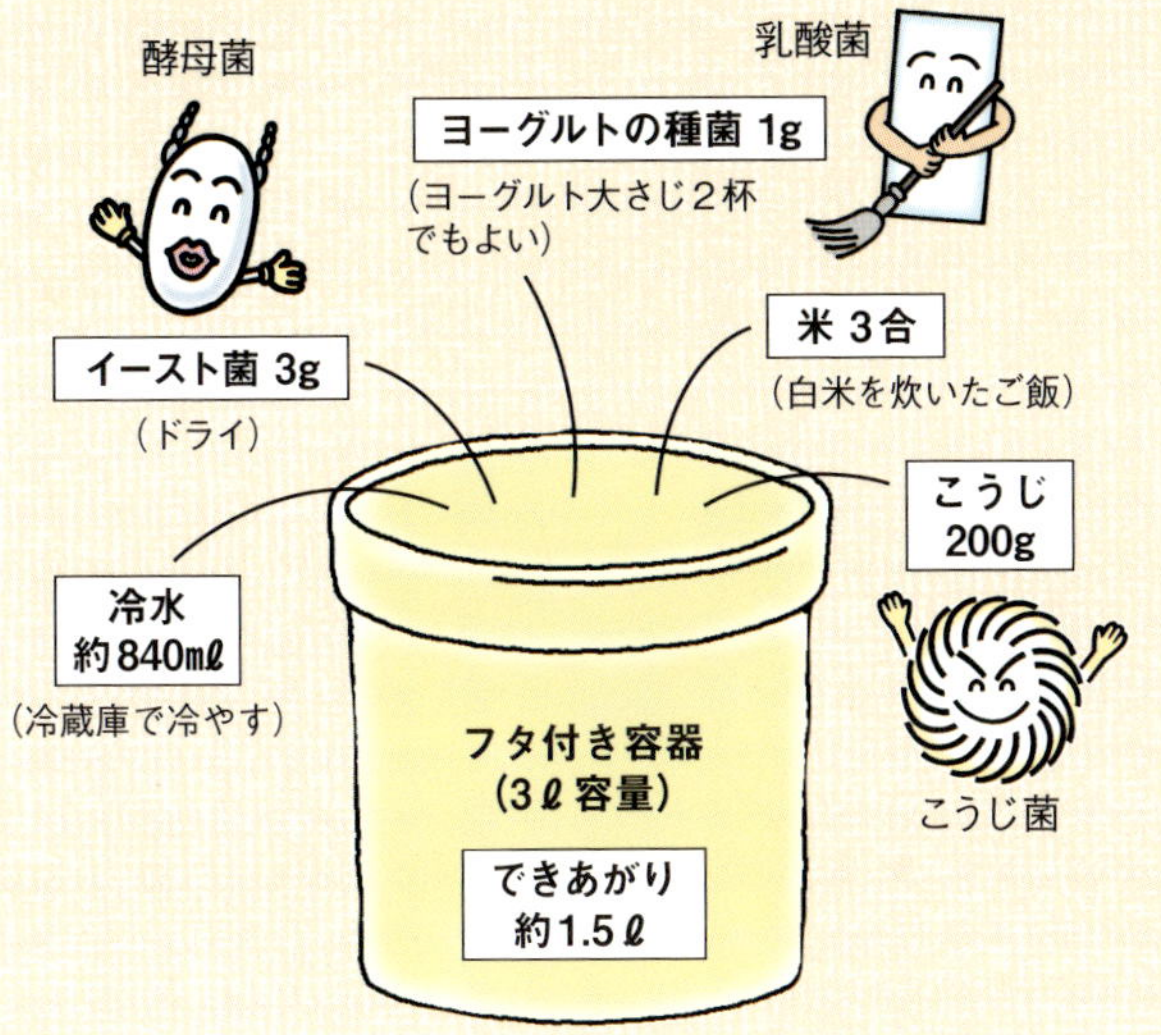

子育て世代だって醸したい
「どぶろくを醸す会」が大盛況

●千葉みずたま

「どぶろくを醸す会」で、蒸した米をゴザに広げて冷ましている様子。この後こうじと混ぜ合わせる

パン教室を入り口に

私の生まれた家は専業農家で、幼い頃から畑や田んぼが遊び場でした。父の代になってからは有機野菜を東京へ出荷していました。妹の小児喘息がきっかけで両親が玄米食を始め、私も高校生のときに父の縁でマクロビオティック料理を学びました。結婚し子供ができると、まわりにアレルギーやアトピーの子が多く、何か自分にできることはないかと考え、発酵教室を始めました。

いきなり「発酵」といってもハードルが高いので、まずは入り口として自家製酵母のパン教室を開催したところ、子育て中のママたちに「卵・乳製品を使わなくてもおいしい」「子育て中でも続けられるほど簡単」と大好評。パン教室は今年で8年目。いまでは市内の小中学校で子供たちとパンづくりを通して食の大切さ、発酵の不思議をお伝えしています。

この「おいしい」「簡単」なパンづくりに欠かせないのが、ドブロクです。

ご飯&こうじの酵母液が最強

ドブロクは、物心ついた頃から父が趣味でつくっていましたが、興味を持ったのは私自身が自家製酵母パンをつくり始めてからです。

自家製酵母は果物やレーズンから起こすやり方が主流ですが、パン生地をうまく発酵させるにはいったん「中種」をつくるなどの手間がいるし、万人が使うには難しいと感じていました。

ところがドブロクを使ってみると、材料に直接混ぜるだけで簡単にパンの膨らみがよくなり、旨みが増してバツグンにおいしくなることを知り、発酵がますます楽しくなりました。こうじの力はすごい！この方法なら教室ができる！と思い立ったわけです。教室では「空きビンに、子供が一口食べ残したご飯（カピカピでもいい）と、一つかみのこうじ、水を入れておけば、酵母液ができますよ。ときどき材料を足してください」と伝えています。

「どぶりんぴっく」で飲み比べ。一番人気のドブロクを酛に使うこともある

みんな醸したがっている

日本の発酵食品にこうじは欠かせません。こうじと米があればなんでもできる。それなのにいまの日本人は米を食べない。米をつくる農家もどんどん減っている。それに比例して小麦アレルギー、不妊、ガン、鬱など身体の不調に悩む人はどんどん増えています。

　みんなにもっと米を食べてほしい。こうじのすばらしさを知ってほしい――そんな思いが募るなか、パンづくりを学びに来た人が自家製酵母づくりや味噌づくりにハマり、発酵を日常に取り入れ始めています。

　そしてじつはドブロクを本格的に醸したがっている人も多く、昨春より、ついに地元で「どぶろくを醸す会」を開催。初回から農家の娘さんや子育てママがたくさん集まりました。

　ドブロクは、同じ日に同じ場所、同じ材料で仕込んでも、おのおの持ち帰ったものがみんな同じ味になることはありません。すごく甘くなる、辛口になる、旨みがすごい、酸味が強い……などなど、まったく違うドブロクができあがります。

　ドブロクを醸す会では毎回「どぶりんぴっく」なるものも開催し、前回仕込んだドブロクや、あらかじめドブロク経験者が仕込んだものを持ち寄って、みんなで飲み比べをします。初めて参加する方は、人によってこんなにも味が変わることにびっくりされています。先日は「持ち帰ったドブロクを混ぜるとき道具を消毒するのが面倒で、毎日素手で混ぜちゃった」という人のドブロクを飲ませてもらったら、すごくおいしかった！　今度試してみます。

（千葉県）

イーストなし・冷蔵庫でじっくり発酵
筆者のドブロクのつくり方

（「どぶろくを醸す会」バージョン）

材料

- こうじ：一晩浸水した米：水＝1：1.5：2
- あれば、前回仕込んだもろみ（酛《もと》）を少量（なくてもよい）

❶一晩浸水した米を硬めに蒸す。人肌に冷ましてから、こうじを加えてまんべんなく混ぜ合わせる。

❷ビンに入れて、水を注ぎ入れる。

※水はひたひたになるくらいに加減する。水が多すぎると酸味が出やすくなる傾向があるので注意。

※酛を入れる場合はここで投入。まったく入れなくてもちゃんと酒になる。

❸フタをきっちり閉めずに載せるだけにして冷蔵庫へ入れ（10℃以下で管理）、１カ月を過ぎるとアルコール発酵してシュワシュワ発泡してくる（甘酒の味が強い）。その後はときどき気が付いたときに混ぜる程度でよい。３カ月過ぎるとドブロクっぽくなる。その後もどんどん味が変わっていく。

※３週間くらいまでは甘酒として子供も飲める。

※２回目からはこのビンに材料を継ぎ足して仕込んでもよい。

ビンに入れた様子。参加者はそれぞれ持ち帰り、自宅の冷蔵庫に入れる

これぞ農家のドブロク　珠玉の工夫集

まとめ●編集部／イラスト・ヨシダケン

酸っぱくなるのを防ぎたい

あえて一発で仕込んで雑菌を防止 真夏仕込みでも酸っぱくならない

福島六郎さん（2018年7月号）

酸っぱくなる理由はいろいろ。自然と乳酸発酵が進んで酸っぱくなることもあります。

そうではなくて酢酸菌など雑菌のせいで酸っぱくなるのは防ぎたい。酛をつくってから本仕込みすると途中で雑菌が入ることがあるので、一発で仕込んで容器の移し替えもしないようにしています。あと、少量より大量に仕込んだほうが発酵が安定する。私は一度に米を4升使って大鍋でつくります。真夏に仕込んでも酸っぱくなったことがありません。鍋の置き場所はいつも仏壇の前。

夏はこうじを倍入れる

岩手四郎さん（2016年12月号）

夏は雑菌が多いので、早く米を糖化させて早くいい発酵菌を殖やしたい。そのためにこうじの量を、冬に仕込むときの倍に増やす。

フタを開けずに、回して撹拌　長く置いても失敗なし

宮崎一子さん（2019年8月号）

2月に地区のみんなで仕込んで、7月に開く「さのぼり」で飲みます。長く置いても失敗しないように、雑菌対策は厳格に。仕込んでガスが出なくなったらフタをほとんど開けません。撹拌は毎日20回、容器ごと傾けて、円を描くように回します。

風味を変えたい

自家製アケビ酵母でフルーティな仕上がり

長野四郎さん（2016年11月号）

身近にある酵母づくりに向いているものを探したとき、畑の隅にあったアケビに注目。熟した実を３～４個とってきてビンに入れ、ぬるま湯、砂糖を入れて置いておくと1日くらいで発酵液ができます。この液を酵母に使うと、本当にフルーティなドブロクができます。

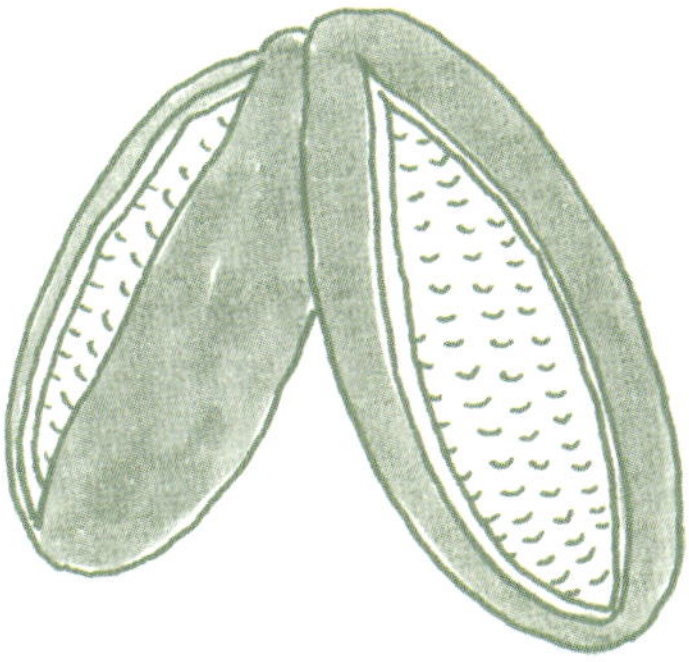

甘口が好きもち米100％で早めに飲む

宮城四子さん（2019年3月号）

私は甘口好き。米はうるちにしたり、もち米と合わせたりしていろいろ試した結果、もち米100％にすると甘口になりやすいとわかりました。そして仕込んで６日もしたら飲んでしまいます。長く置くとだんだん甘さが消えていくので。早めに飲んだほうが炭酸が残っていてのど越しもいい。

ご飯を人肌に冷ましてからこうじと混ぜる

福島七郎さん（2019年4月号）

アツアツのご飯（蒸し米）を35～37℃（人肌）に冷ましてから、こうじと混ぜる。面倒だからと熱いうちに混ぜると酸っぱくなる。こうじ菌が熱でやられてしまうんじゃないかな。

仕込みは春、ヤマブキの花が咲く頃がベスト。気温がちょうどよくて発酵がうまくいく。味見したいけど何度もフタを開けると雑菌が入るから、45日間はぐっとガマン。

アルコール度数を上げたい

生酒のオリで酛をつくって3段仕込み

奈良一郎さん（2020年6月号）

正月に一度に大量に仕込みます。3段仕込みにすれば、本格的な酒らしいドブロクができる。酛は、お気に入りの銘柄の新酒の生酒のオリを酵母代わりに大さじ1、蒸し米1kg、こうじ0.5kg、水2.4ℓを混ぜて、4、5日置けば完成。翌日から3日間、蒸し米・こうじ、水をおおよそ倍々で追加。仕込んでから約35日でできあがりです。

3段仕込みでは、酛をつくり、1段目は米・こうじ・水を酛の倍量、2段目は1段目の倍量、3段目は2段目の倍量を追加する。材料を一度に仕込むやり方より発酵の環境が整いやすい。発酵期間が長いのでアルコール度数も高めになる。たくさん仕込む場合にも向いている

3段目
2段目
1段目
モト

甘い甘酒を酛にして2段仕込み

千葉二郎さん（2018年1月号）

うちは2段仕込み。酛は、保温ジャーで甘酒をつくってから、イーストを入れてつくる。度数を上げるには、その甘酒の甘さが重要。そのまま食べると喉が痛くなるくらいの甘さだと、度数も高くなるような気がします。分量は蒸し米0.7：こうじ1：水1。どうやらジャーの中で混ぜすぎないほうが甘くなるみたい。こうじが米とつながろうとしている働きに水をさしてしまうのかもしれません。

この味を保ちたい

ドブロクは一番おいしい1月に火入れするといいよ

一番おいしく感じたときに火入れ

新潟四郎さん（2022年1月号）

12月に1年分のドブロクを仕込みます。ビン詰めして涼しいところに置いておくと、だんだん味が変わってくる。それはそれで楽しいが、夏以降に飲む分も確実においしく飲みたい。そこで一部のビンを、一番おいしく感じる時期、1月頃に火入れして発酵を止めます。燗をする要領で、大きな寸胴に1回に7～8本、水から入れて加熱。発酵中のドブロクを温めるとビンの口から泡が出てくる。そのくらいで火を止める。直火にかけないこの方法なら焦げ付くこともない。

でもできのいい年のドブロクは、火入れしなくてもずうっと味がおいしいままで変わらないんだよなあ……。奥が深いねえ。

搾る？　すくう？

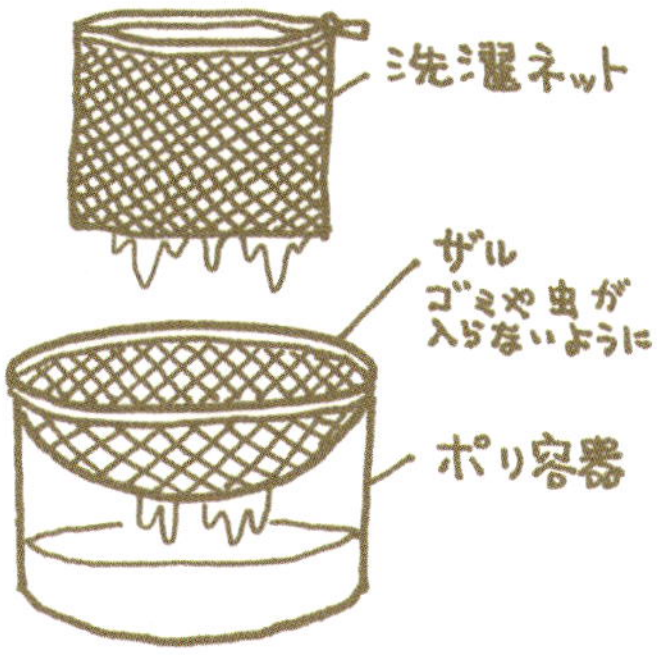

洗濯ネットで吊るし搾り　山吹色に澄んだドブロク

高知三郎さん（2016年8月号）

洗濯ネットにドブロクを入れて吊るし、自然にポタポタ落とすと、山吹色でやや甘口のスッキリした仕上がりになる。洗濯ネットをギュッと手でもんで搾るととろみが出る。搾り方で違った味が楽しめます。

特製の細長い竹ザルを沈めてすくう

福島七郎さん（2019年4月号）

一気に搾るとなると時間も手間もいるが、自分はちょこちょこ飲めればいい。直径20～25cm、深さ30cmの、縦に長い竹ザルが便利です。これを桶に沈めて、中のドブロクをひしゃくですくうだけ。残った酒粕はイモガラとジャガイモの味噌汁に入れるのが定番。

ビンに詰めたら、フタの代わりにイナワラ20本くらいを切り揃えてさしておくと、噴き出してこない。

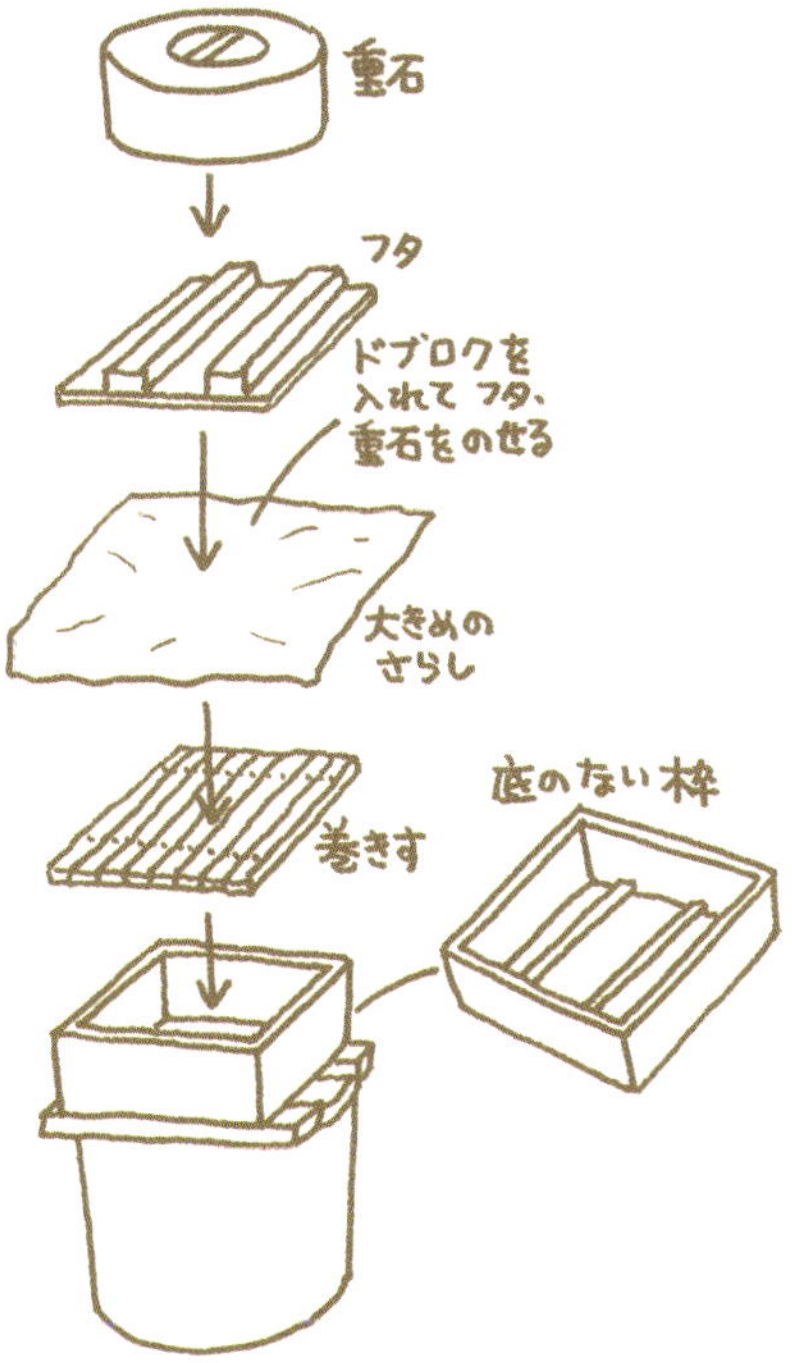

専用の枠とさらしで　きっちり日本酒風

奈良一郎さん（2020年6月号）

しっかり濾して搾って、日本酒のようなドブロクに仕上げたかったので、専用の枠やフタを手づくりしました。正月に仕込んで、2月末くらいまでに搾り終えます。途中でたびたび味見はしています。

ドブロク宣言

第58回

赤米、黒米、もち米をブレンドした ワイン風ドブロク

イラスト・文／ヨシダケン

熊本三郎さん
捕獲したイノシシは写真を撮ってデータと共に市役所に提出。猟友会を通して補助金が支払われるしくみになっている
平成26年度イノシシ捕獲記者
捕獲者 熊本三郎
捕獲年月日 平成26年9月7日

イノシシにサツマイモを荒らされていた熊本さんは六年前、ワナ免許を取得。今では年間四五頭のイノシシを獲り燻製やソーセージをつくる。

ドブロクはもともと酒好きの奥さんが友人から分けてもらっていたが、ためしにつくってみるとおいしいものができた。

以来、赤米、黒米、もち米をブレンドしていろんなタイプのドブロクをつくっている。

「ドブロクは失敗しても一年間寝かせるとまろやかな味に化ける」

十一月になるとドブロク目当てに多くの友人がやってくる。

熊本さんはみんなの笑顔を見るのが楽しくてしかたがない

〈ワイン風ドブロクのつくり方〉
ほぐしたこうじ（3升5合）
生イースト（500g）
米（1斗）
水（1斗）
赤米、黒米、もち米をそれぞれ1：1：1の割合
ポリ袋は破れないように二重にする
自分でくみに行った天然炭酸水。あらかじめ容器に入れて炭酸を抜いておくと天然の甘みがでる
仕込むのは10月。冷めた蒸し米、こうじ生イーストを容器に入れかきまぜる。その後は常温（12度前後）におく。長く寝かせる場合は夏場、米の保冷庫に入れておく
☆4つの容器に分けて仕込む（上記の分量は容器4つ分）それぞれ別の場所に置くのが熊本さんのこだわり。味が微妙にちがう
去年からイノシシの生ハムをつくり始めました。ドブロクに合いますヨ
今年の3種（赤米、黒米もち米）
去年の3種
米なし
うるち米
海塩で味つけし、ウィスキーで香りづけ
3種を使ったドブロクはロゼワインに似た色で味もフルーティ。今年のものはまろやか。去年のものはやや酸味があり辛口。米こうじと生イーストと水だけで仕込んだ（米を使わない）ドブロクはさっぱりとした味

ドブロク宣言

イラスト・文/ヨシダケン

第154回

「トマトドブロク」はスパークリングワイン

岐阜三郎さん

トマト農家の岐阜さんは毎年、売れ残りやB級品など2割を廃棄している。そうしたフードロスをなくすためトマトを水煮にして凍らせるのが関の山。打開策を考えていたところ知り合いが「トマトドブロク」をつくっていた。

岐阜さんの作業のほとんどがビニールハウスの中。冬でも暖かくてドブロクの仕込みや保管もその一画を利用している

さっそく材料とレシピを聞き、あとは岐阜さんが自己流で仕込んでいる。使用するのは普通のトマトと青トマト。完成したドブロクは山吹色。青トマトは酸味がある。口に含むと、爽やかなリンゴのソーダ水に少しアルコールが入ったスパークリングワインのようだ。「砂糖の量が多いような気がする」と岐阜さんは適量を探っているところだ。匂いやクセもなく、トマト嫌いでも問題なさそうだ。近い将来、世に出ることを願うばかりである。

コンテナ1杯のトマトのヘタを取って皮付きのまま5cm角に切る。ミキサーに入れたら洗濯ネットで漉すと約14ℓとれる（8ℓ容器2本分）

洗濯ネットにたまったトマトはハチミツ搾り器で搾って別の容器に入れて同様に砂糖、イーストを加えて仕込む

漉したトマトを容器の7分目まで入れて砂糖（3kg）、イースト（3〜5g）を加えてかき混ぜ軽くフタをする。約1週間後、泡が出てきたら飲める

世の中では、ドブロク愛、上昇中

防府どぶろく特区より

山口●右田圭司

「いま、ドブロクがきてる!」というのは、山口県防府市でドブロクをつくる右田圭司さん（68歳）。長年、日本酒を国内外に普及する仕事に携わり、「唎酒師《ききざけし》」制度を創設した人で、いまもNPO法人FBO（料飲専門家団体連合会）の理事長を務めている。そんな酒の専門家が、どうしてドブロクにアツいのか、話を聞いた。（編集部）

農業法人に入って要件をクリア

ドブロクづくりを始めたのはね、「本物の日本酒とは何だ?」「本当においしい酒とは何だ?」と追求していくうちに、米と水だけでつくるドブロクこそが酒の原点、だと思い至ったから。

現状、ドブロクは特区でしかつくれない。だから故郷の防府市にUターンして、㈱日本伝統濁酒研究所を立ち上げて、特区の認定や醸造所の開業に向けて、地元の仲間といろいろ奔走したよ。みんな面白がって応援してくれた。

たとえば特区では米を自分で栽培する要件がある。私は非農家だったので、農業法人の一員にしてもらって田んぼの一画を借りてクリアできた。そうして防府市に特区をとらせたのが2019年。翌年、醸造免許がとれて、ドブロク「瀧水《たきみず》」が完成した。以来、同年代のじじい連中に手伝ってもらいながら年中仕込んでる（笑）。

日本は文化を捨ててる

しかしこの特区というものは、本来は文化を広げるための実験的な区画でしょう。でもドブロクの文化的な価値なんて、国はちっとも考えちゃいない。土地の米と水だけでできるドブロクは農産物そのもの。農業は文化の基本ですよ。だけどそんなドブロクを誰もがつくれるものにしようとしない。みんなのものじゃなければ文化にならない。

自家醸造の禁止は明治時代にできた制度で、当時は酒税がすべての税収の3分の1も占めていたから国が厳しく取り締まっていたんでしょう。でもいまは状況が全然違う。そんなことも学

右田さんがつくるドブロク「瀧水」。パックに入れ、火入れをせず冷凍で販売している（300mℓ 3本セット、3300円）

校では教えてくれない。自家醸造なんて世界中でどこでも認められている権利なんですよ、なんてことも、国民に知らせないほうが国はラクだよね。つくづく、日本は文化国家じゃないよね。

テロワールが最大の魅力

ドブロクに目を向けたのは、自分が日本酒をたくさん売ってきた一方で、反省もあったから。日本酒といっても、海外のサトウキビが原料の醸造アルコール入りの酒も、米粒を使わない酒も一緒くたのまま。大量生産・大量消費で安価に流通させるやり方も、世界に通用する時代は過ぎている。

かたや、ドブロクは材料がシンプルでごまかしようがない。特区でも自分ちの米を使えだの、醸造アルコールとか余計なものは入れるなだの、決まりごとも多いけど、かえって好都合。それがもともと家で飲む用につくられてきたドブロクの姿なんだから。

日本各地で米も水も、気候も違うから、醸すままに個性豊かなドブロクがたくさんできる。ドブロクだからこそテロワール（土地の個性）が強くはっきり出る。それが最大の強みですよ。ワインでテロワールがもてはやされるように、いまどきはそういう魅力に人は惹かれる。

ドブロクファンが増えている

うちのドブロクの場合は、防府天満宮近くの井戸水をくみ上げて仕込んでる。毛利家の献上酒「瀧水」に使われていたおいしい水で、酒の名前も引き継いだ。米は自分のところの飯米。品種が変わってドブロクの味も変わることがあるけど、これがまた面白い。米の固形成分が残るドブロクは、泥酔前に満腹になるから、肝臓にも優しい。

こういうストーリーや醸造の歴史をもっと知ってほしくてドブロク講座を開くと、防府でも東京でも、世代や業種を超えて毎回たくさんの人が集まる。かつてどこの家でも残りご飯を醸してつくってたようなドブロクに魅了されたファンが、どんどん増えてる。つくり方がわかればやってみたくもなるんです。

そういう姿を見ていると、酒つくりの復権は時間の問題で、必ず正しい方向に歴史は向かうだろうと思える。そのためにも、いま気づいている人間から声を上げて、主張し続けて、流れを確実につくっていくことが大事です。

（山口県防府市）

どぶろく特区と酒造免許の要件

● **製造する人：**
食堂・民宿を営む農家

● **主な材料：**
米（自ら生産したもの。家族や農業生産法人を含む）

● **副材料：**
米こうじ、水、その他（ムギ、トウモロコシ、アワ、ヒエ、ソバ、キビ、モロコシ、ハトムギ、デンプン）、もしくはこれらのこうじ、清酒粕

● **提供・販売方法：**
- 自分の民宿・食堂にて、食事とともに提供
- 製造場で販売（特区外への発送も含む）
- 直営店などでお土産として販売（酒類販売業免許が必要）

● **年間の最低製造数量：**なし

● **酒税（kℓあたり）：**14万円

*特区以外での法定最低製造量は6kℓ、酒税は同額。

なぜ自分で酒をつくってはいけないの？

●三木義一

スローフードの時代。おいしい吟醸酒もいいが、手づくりの自分のお酒も飲んでみたいと思うのはごく自然なことですね。でも、自家醸造は基本的に禁止され、梅酒などについては規制がいろいろあります。なぜなのか、できるだけわかりやすく解説してみましょう。

なぜ、自家醸造が禁止されたのか

自分でお酒をつくるのが全面的に禁止されたのは、明治時代の1899年です。その経緯を少し見ておきましょう。

もともと、農民のドブロクづくりは自由でした。自分の田でとれた米で酒をつくっていたのです。いっぽう、酒造業者には酒税が課されていました。それを政府は①1880年に増税。酒の価格が上がっても販売量が落ちないように、自家用酒の製造数量を一石（180ℓ）以下に制限。それ以上は買うように仕向けました。次いで、②82年に免許鑑札制度が導入され、自家用酒製造者は免許料を支払わないといけなくなりました。さらに、③86年には「清酒」の自家醸造が全面的に禁止され、④96年には規制が強化され、自家醸造は濁酒（ドブロク）、白酒、焼酎のみに認められ、それらにも軽減税率で課税されるとともに、直接国税10円以上の納税者には自家醸造が禁止されました。これはせめて零細な農民のためにドブロクづくりは認めてほしいという声を受け入れたものといえますが、ついに、⑤99年、大幅な増税のために自家醸造は全面的に禁止され、今日までこの措置が続いてきているのです。

自家醸造に対する規制の強化が、酒税の増税と連動していることにはもうお気づきですね。そう、この時期の酒税の増税はすさまじいものだったのです。一挙に1・5倍、3倍といった今日では考えられないような大幅な増税が行なわれました。当然、酒造業者は大反対です。そこで政府は、「自家醸造を全面的に禁止して、商品としての酒を買わざるをえないようにするので、増税を受け入れよ」と迫り、業者側も妥協するわけです。これが、自家醸造禁止の本当の理由です。

酒税が明治時代の国家財政を支えていた

ところで、いくら税金のためとはいえ、なぜこうした規制が可能だったのでしょう。当時は明治憲法のもとで国民の権利に対して十分な保障がなかったこと、とくに自家用酒製造のような個人の家庭内での行動に対する規制が権利問題として理解されにくかったこともあると思いますが、決定的だったのは、酒税収入の国家財政に占める重要性です。現在は税収のわずか1～2％しかありませんが、自家醸造が禁止された1899年当時は36％も占め、国税

著者紹介
青山学院大学名誉教授（前学長）。弁護士。専門は税法。『日本の税金』（岩波新書）などの著書で、税金の問題をわかりやすく解説。YouTube（ユーチューブ）では、「MIKI庶民大学」など

（佐藤和恵撮影）

中第1位の収入源だったのです。明治期は酒税と地租（いまの固定資産税）が国家財政を支えていたのです。

　しかも、日清戦争（94年）の勃発により多額の戦費が費やされ、その後も軍備拡大のために莫大な増税が必要になり、自家醸造禁止に対して議会でも強い反対をなしえなかったのでしょうね。

　しかし、それまでドブロクをつくってきた農民が、高い商品である酒を容易に買えるわけではありません。密かにドブロクをつくり、税務署の「密造狩り」との戦いが繰り広げられていたのはご存じの通りです（宮沢賢治の『税務署長の冒険』などを読むと面白いと思います）。

ドブロク裁判の顛末

　このような状況に、正面から挑戦したのが前田俊彦さんでした。前田さんは1981年冬にドブロクをつくり、その試飲会に国税庁長官を招待したので、マスコミも注目したのです。もちろん当日、国税庁長官が来ることはなく、代わりに警察官が来て、ドブロクなどを没収していきました。もっとも、そこにいた刑事の1人が前田さんにそっと「応援しています。頑張ってください」と言ったそうです。

　前田さんは脱税犯として起訴されることを楽しみに待ったのですが、一向にその気配がない。裁判にするとマスコミがまた騒ぐので、起訴されないのではないかと考え、今度は銀座の歩行者天国で自家製のビールを歩行者に配り、ようやく起訴されたのです。起訴されて喜ぶ人というのはめったにいないでしょうね。

　裁判では、前田さんの主張は退けられ、酒をつくる権利は「経済的自由権」の一つだとされてしまいました。そうすると、国の規制が広く認められます。裁判の結果は以下の通りです。

◆1989年12月14日、最高裁判所第一小法廷での判決

酒税法の右各規定は、自己消費を目的とする酒類製造であっても、これを放任するときは酒税収入の減少など酒税の徴収確保に支障を生じる事態が予想されるところから、国の重要な財政収入である酒税の徴収を確保するため、製造目的のいかんを問わず、酒類製造を一律に免許の対象とした上、免許を受けないで酒類を製造した者を処罰することとしたものであり、これにより自己消費目的の酒類製造の自由が制約されるとしても、そのような規制が立法府の裁量権を逸脱し、著しく不合理であることが明白であるとはいえず、憲法三一条（適正手続の保障）、一三条（幸福追求権）に違反するものでないことは、当裁判所の判例の趣旨に徴し明らかであるから、論旨は理由がない。

梅酒解禁のいきさつ

　こうしていまだに自家醸造は禁止されているのですが、その規制を緩和する動きが二つほどありました。一つが梅酒解禁で、もう一つがビールの年間最低製造数量の引き下げです。

　もともと、梅酒は焼酎などに梅を漬けて、新たに酒類を製造することになるので、自家醸造とみなされていました。しかし、じつは明治時代の禁止（1899年）以降も多くの家庭でつくられていました。それが法律上でも認められるようになった背景には、面白いエピソードがあります。次の新聞記事を読んでみてください。

◆「日本経済新聞」1984年8月22日の文化欄・石田穰

いまから二三年前の昭和三六年六月一五日付のこの欄に、私の寄稿した「世界の美酒ウメ酒。エスプリのある日本のリキュール」という随筆風の梅酒礼賛論が掲載された。ところが、それが酒税法違反と教唆罪に該当するという認定で、大蔵省と国税庁の大問題に発展した。当時、私は「内閣広報参与」といういかめしい肩書きで、総理大臣官邸を舞台に働いていた。さ

自家醸造禁止の歴史

明治

酒造免許鑑札制度ができる 1871
酒造業者がこれを取得し、政府の財源となった

農家の自家醸造が年間一石（180ℓ）以下に制限。販売は禁止 1880

自家醸造の免許鑑札料として年80銭を払うことが定められる 1882

日清戦争 1894

酒造業者向けに「酒造税法」、農家向けに「自家用酒税法」を制定 1896
自家用酒にも課税されることになった

自家醸造の全面禁止 1899
「自家用酒税法」廃止（酒造業の免許鑑札者以外は醸造禁止）。
酒税収入が国家歳入の3分の1まで増加

このときまで無税であったビールにも初めて課税 1901

日露戦争 1904

大正

第一次世界大戦 1914

昭和

酒類販売業免許制度ができる 1938

真珠湾攻撃、太平洋戦争 1941

梅酒解禁 1962

『ドブロクをつくろう』（前田俊彦編）出版 1981

平成

「ドブロク裁判」最高裁判決 1989
「自家醸造を禁止することは憲法違反」
としてドブロクをつくり続けた
前田俊彦氏に有罪判決

ビール製造免許の量的規制緩和 1994
年間2000kℓが60kℓに。
いわゆる「地ビール解禁」

「どぶろく特区」開始 2003

『ドブロクをつくろう』

前田俊彦編、農文協刊（1981年刊行、2020年復刊）。税込2200円

酒税法は憲法違反。自家醸造が違法なのは世界中で日本くらいなもの。各界の人がこの悪法を粉砕し、「ドブロクを民衆の手に！」と主張する。巻末（p228）に図解入りでドブロクやワインのつくり方を詳述

んざ、すったもんだのあげく、いったんは前記の両罪名で筆者の私を罰しておいて、現行法通り家庭における梅酒づくりをかたく禁止するということに内定したのであった。だが、この断罪にあたって、当時の主役、国税庁長官原純夫氏が、世論の動向を深刻に配慮の結果、百八十度の方向転換を断行。つぎの通常国会に酒税法一部改正法案を提出するという前向きの姿勢を内外に表明することによって、この梅酒騒動は、一応のケリがついたのである。大蔵省・国税庁の姿勢転換決定の直後、原長官は公式発表の前に私に会見をもとめて来た。その時、長官室で原さんが私に語られたお話しの骨子は、次のようなものであった。①大蔵省・国税庁は慎重審議の結果、つぎの通常国会に酒税法一部改正法案を提出して、国民が安心して家庭で梅酒をつくれるようにすることに決めた、②この動機をつくってくれたのは、内閣の石田さんだから、経過を報告申し上げてお礼をいうつもりで、あなたに会見をもとめた、③この方針決定は本日午後三時の記者会見で正式発表する。改正の正式決定まで旧法がまだ生きているのだが、改正することにきまったのだから今年も国民は安心して梅酒をつくってよろしいと、新聞を通じて国民に声明する――。私は、この大蔵省・国税庁の国民に対する親心の表明に、心から感謝の意を表するとともに、「国法を犯してお礼をいわれるとは、かつてきいたことのない〝珍ニュース〟で身に余る光栄です」と申し上げたのであった。

ドブロクもビールも もっと自由につくりたい

どうです。面白いですよね。前田さんのような庶民が酒づくりをすると、ちゃんと罰して、石田さんのような政府関係者が法を犯すと、法を変えちゃうんです。安倍政権下の数々のおかしなことも、この時代から続いていたことなのかもしれません。

こうして、まず１９６２年に梅を焼酎などに混和することが認められ、翌63年には梅のほか12品目が認められました。さらに71年の改正で、現行のようにブドウ・ヤマブドウ以外の果物を焼酎などに漬けることが可能になったのです。

ところで、なぜ梅酒はよくて、ドブロクはダメなのでしょう? 国税庁は、梅酒をつくることは以前からある程度広く行なわれ、夏の保健飲料等として愛飲されていたこともあったので認めることにした、と説明していますが、それなら、同じく国民に愛飲されてきたドブロクも解禁しなければならないのではないでしょうか。

他方で、ビールについては94年４月の酒税法改正でようやく、年間最低製造数量がそれまでの２０００kℓ（大ビン換算で約３１６万本）から60kℓ（同約９万５０００本）に大きく引き下げられました。しかし、自家ビールの醸造はなお禁止されたままです。ビール製造キットがあるといっても、あれはアルコールを１％以下にして、酒税法上の酒に該当しないという建前でしかつくれないのです。

酒づくりは安易に認めてしまうと反社会集団の収益源になってしまうという議論には、確かに耳を傾けなければならないかもしれません。しかし、実際のところ、規制がなくならないのは酒造免許、酒販売免許といった免許制度の恩恵により既得権益を持った業界の意向が強いからです。選挙になれば、これら業界の票は威力を発揮します。そのため、声なき消費者の票は無視されてしまうわけです。

もっとも、税収上はすでに１％程度にまで落ちたので、財務省の抵抗は相当弱まってきていると思います。あとはスローライフ、スローフードを日本社会の基軸に据えようという政党が政権を取れるかどうかだと思います。おいしい吟醸酒を飲みながら、その戦略を考えてみてはいかがでしょうか。

（青山学院大学名誉教授）

昭和初期の
ドブロク・こうじづくり

「米の利用で欠かせぬものに酒があるが、家庭でつくることは禁じられているので、隠れて蔵の中などでこっそりつくっている。寒の季節によくつくる。」

（奈良県宇陀郡御杖村
『聞き書　奈良の食事（日本の食生活全集）』より）

「酒をよく飲む家ではよくつくる。どぶろくづくりは男の仕事になっている。こさないで粕ぐち（粕ごと）飲む。女も飲む。「うまいもんだ」といいながら……。」

（滋賀県野洲郡中主町（現在は野洲市）
『聞き書　滋賀の食事（日本の食生活全集）』より）

「こうじづくりがはじまり熱がくれば、二晩か三晩、女は家をあけられない。」
「こうじは味噌づくりに大半は使われるが、残ったものは甘酒やどぶ仕込みの種などになる。こうじは大切な米の加工品である。」

（宮城県遠田郡田尻町（現在は大崎市）
『聞き書　宮城の食事（日本の食生活全集）』より）

こうじづくり。こうじのうね立てをして熱を逃がす（岩下守撮影、『聞き書　宮城の食事（日本の食生活全集）』より）

美しいイネはうまい

宮城五郎（仮名）さんの送ってくれた写真に、目と心を奪われた。最近はあちこちで田んぼアートも増えてきて、色つきの観賞用イネについても目が肥えてしまっていたのだが、なんだかそれらとは違う世界を感じたのだ。

「美しいイネはうまいのだ」と五郎さんは言う。

白いイネは「亀の尾1号」。マンガ『夏子の酒』で「龍錦」のモデルとなったイネなので、五郎さんは「たつにしき」と呼んでいる。ピンクと紫は、このたつにしきの突然変異か交雑か、五郎さんの田で生まれたオリジナル品種だそうだ。手前のイネも同様だが、バラついていて、品種としてまだ固定していない「暴れイネ」。

亀の尾だって、普通こんなにきれいではない。毎年、美しいイネを保つため、選ぶためのタネ採りを繰り返しながら、20種類くらいは栽培する。そして、その美しいイネたちはすべて、ドブロクにする。元祖たつにしきよりオリジナル品種のほうがさらに、ドブロクの味が深く、パワーが落ちにくいそうだ。

ぜいたくなぜいたくな百姓の世界。脱帽しました。

（編集部）

第3章 ビールをつくろう

——麦芽の甘さと自然な味わい

ムギからビールができるまで

ビールはムギから生まれるお酒。
発芽して「麦芽」になることでムギのデンプンは糖に変わる。
糖化した麦汁に酵母を加えれば、発酵してビールになる。

まとめ●編集部／河本徹朗（イラスト）

ビールのつくり方

ムギ

一般的にはデンプンの含有量が多い「二条大麦」が使われるが、六条大麦や小麦を使ったビールもある。

麦芽

ムギは発芽すると胚芽から糖化酵素やタンパク質分解酵素を分泌。胚乳に貯まったデンプンを分解して糖に変え、主に胚芽にあるタンパク質をアミノ酸に変えるためだ。この発芽したてのところで乾燥させて酵素の働きを止めたものが麦芽（モルト）。

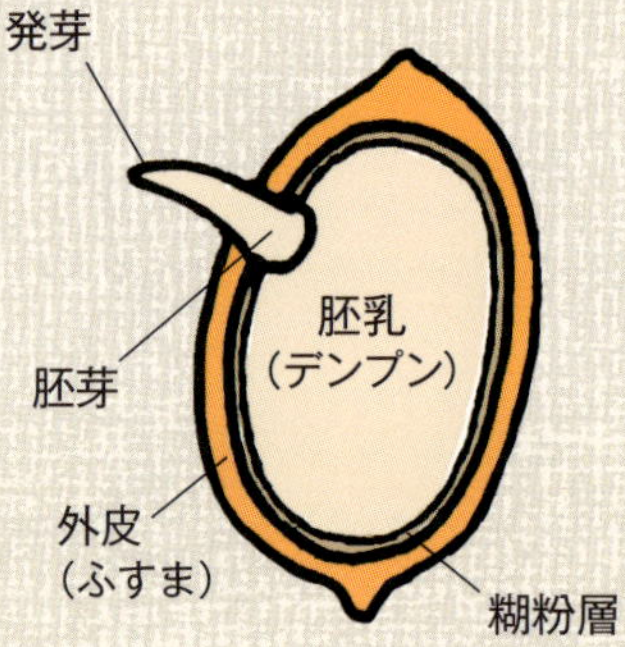

麦汁

粗挽きした麦芽に湯を注ぎ、60℃くらいの温度に保つと、麦芽中の酵素が再び活性化。ムギのデンプンやタンパク質を分解して糖やアミノ酸に変える（副原料に米を使う場合は、この時点で粥にして加える）。糖化したもろみを濾過したものが麦汁。

ビール完成！

地ビールには非熱処理・無濾過製法のものが多い。酵母が中で生きている。

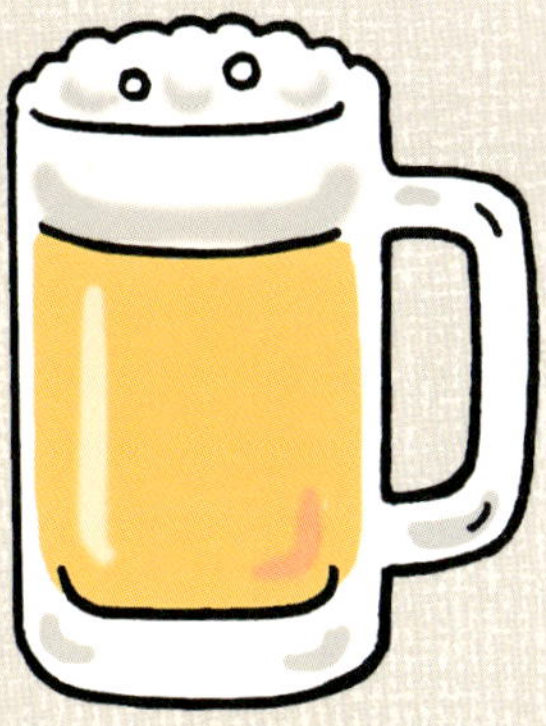

酵母投入・発酵

冷却した麦汁に酵母を加えると発酵が始まり炭酸ガスが発生。

煮沸・ホップ投入

麦汁にホップを加え、十分に煮沸して成分を抽出。ビール特有の香りと苦みをつける（長く煮ると苦みが出て、最後に入れると香りづけになる）。煮沸することで麦汁を濃縮・殺菌し、酵素作用を止める。また、果物や野菜、ハーブを加えれば「発泡酒」になる。

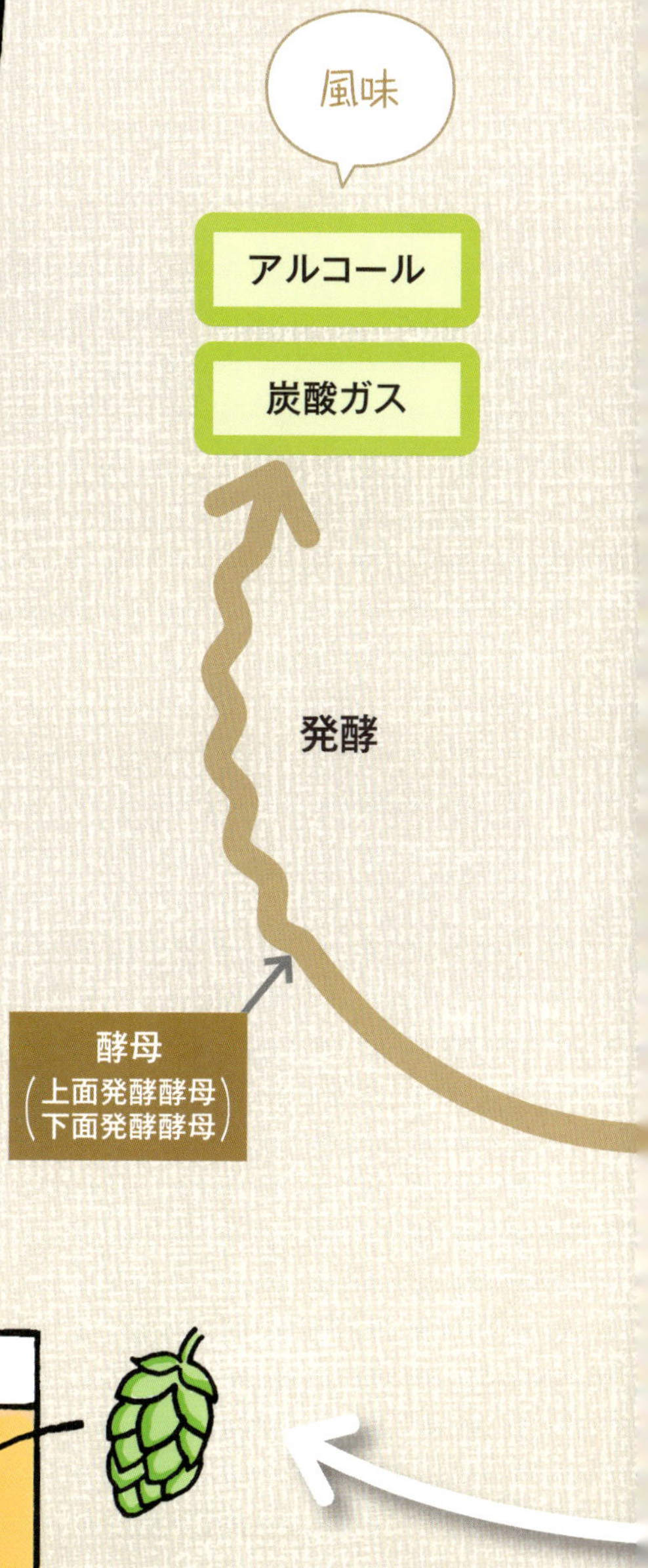

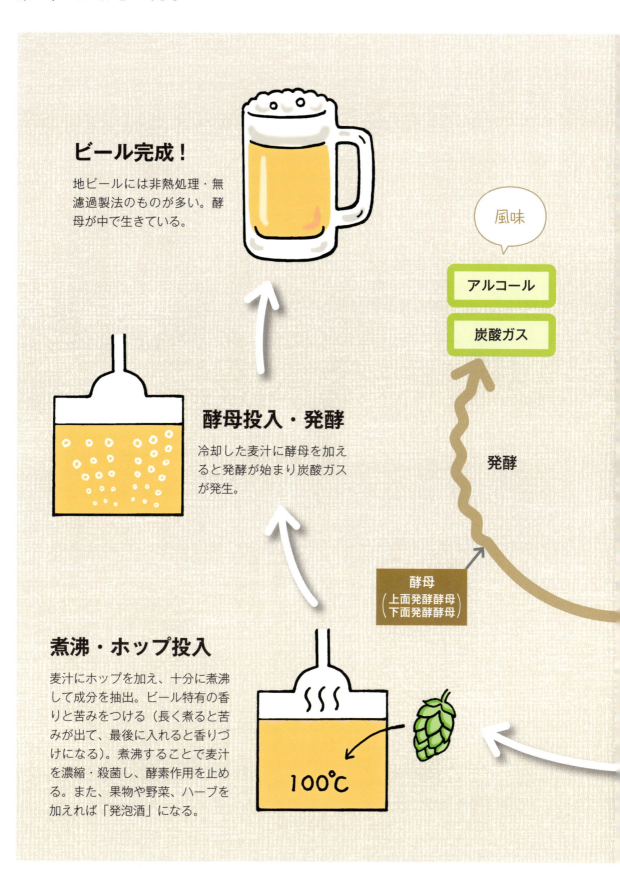

麦芽の基本のつくり方

1 浸漬

水に浸してムギを洗い、発芽のために水分を含ませる。殻皮中のタンニンや苦み成分などビールの味に悪影響を与える成分を溶かして除去する目的もある。

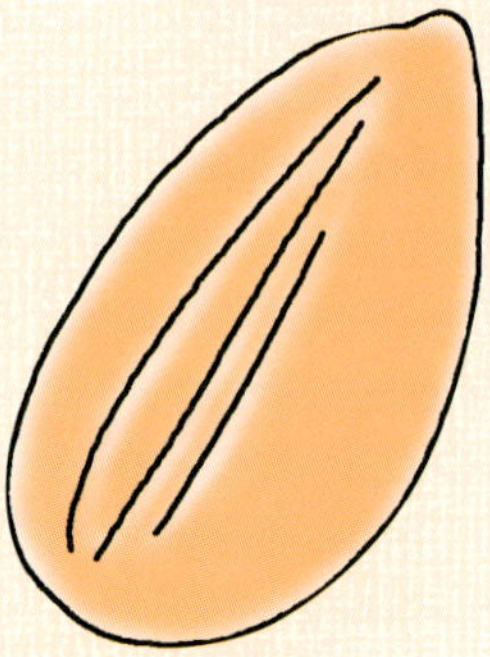

（写真は岡本央、以下すべて）

浸漬

2 発芽

ムギの内側に沿って芽が麦粒の約 2/3 の長さに、根が麦粒の 1 ～ 1.5 倍の長さになるまで発芽させる。発芽によって細胞壁が分解され、デンプンの粒がほぐれやすくなる。また、デンプンを分解する酵素が生成され、タンパク質もアミノ酸に分解される。麦粒は指先でつぶせるほど軟らかくなり、これを「溶け」と呼ぶ。

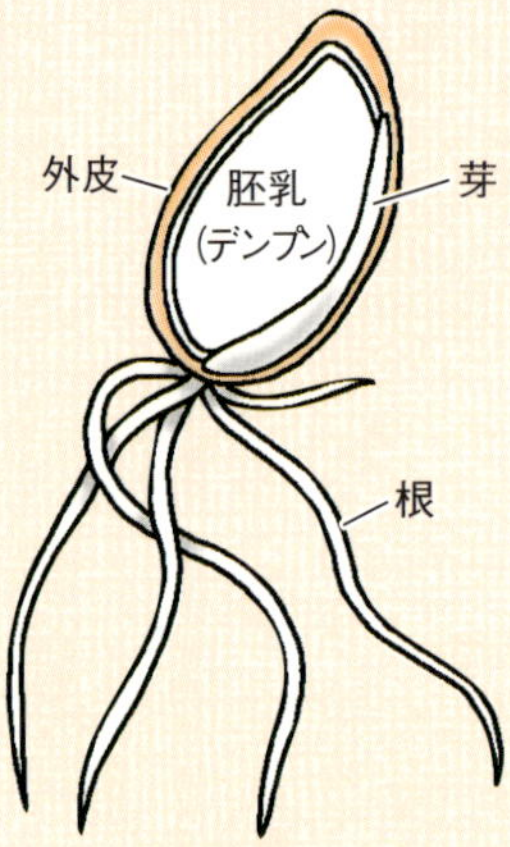

乾燥・除根

（数字は『食品加工総覧』（農文協）より）

3 乾燥・除根

芽がムギ粒の大きさ（長さ）の2/3～3/3くらいになったら、熱風で乾燥して発芽を止める。麦芽の酵素の活性を弱めないために、40～50℃から徐々に温度を上げていき、最終的には80℃で3時間ほど乾燥する（右写真）。青臭い臭いがとれて、香ばしい香りと色が付く。乾燥が終わったら根を取り除いて完成。

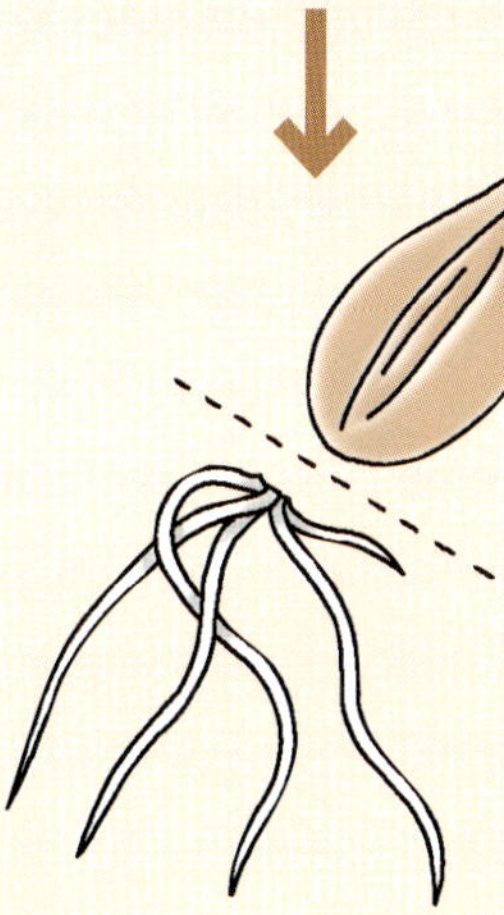

ビールづくりは製麦から

ムギを麦芽（モルト）に加工することを「製麦」といって緻密な管理が必要な技術。アサヒビールやサントリーなど、大手ビール会社は製麦工場を持っているが、小規模での委託は難しいし、高くつく。また、農水省のデータによると、国産麦芽はわずか１割（推定値）。市販のビールキットにも輸入麦芽が使われている。

そのためこれまで「地ビール」と銘打っていても国産麦芽を使っているものは少量で、圧倒的に輸入麦芽が多かった（輸入麦芽だと1kg130～150円で、委託加工するより150～200円ほど安くなる）。しかし、最近は農家が自ら麦芽をつくる事例が増えているほか、静岡県函南町の「風の谷ビール」や秋田県仙北市の「田沢湖ビール」など、製麦施設を持つ小規模醸造所も出てきた。麦芽なら玄麦が丸ごと使えて精麦も製粉も必要なし。ムギを栽培すれば農家は自分のビールがつくれるのだ。

乾燥、焙煎の加減で風味が変わる

ベースモルト	麦汁づくりに必ず使う麦芽。これだけでビールがつくれる。ペールモルトとも呼ばれる。この本で紹介する麦芽はすべてこれ。ピルスナー系のラガービールに使用されるものや、イギリス系のペールエールのベースに使われるものなどがある。
スペシャリティモルト	麦芽をさらに高温（100～220℃）で焙煎したもの。高温により酵素が失活しているので、ベースモルトとブレンドして麦汁をつくる必要がある。スタウトや黒ビールに使用するロースト麦芽などがある。ヴァイスビール、ヴァイツェンに使用する小麦麦芽もこれにあたる。

水替えで発芽を促す 地場産麦芽の名物ビール

長野●斉藤岳雄

自家製の麦芽を持つ筆者
（田中康弘撮影、以下Tも）

(合)安曇野ブルワリーのビール（発泡酒）。麦芽、ホップ、水もすべて安曇野産100%
（330㎖、6本、3500円）

耐寒性「小春二条」を栽培

長野県安曇野市の大地で、70haで水稲をメインに小麦やダイズなどの土地利用型農業経営を行なっています。いっぽうで、市内で誰も栽培していない作物もつくっています。それが、ビールに欠かせないビール麦とホップです。

2016年、市の農政課から「地元のブルワリーが安曇野産ホップを使用したビールを醸造したがっている」と聞き、とんとん拍子でホップ栽培を始めることになりました。同時に、ビール麦だって地場産をと思い、二条大麦の試験栽培を1年行ないました。この地域で二条大麦をつくるのは初めて。ちゃんとできるかなあと不安でしたが、耐寒性品種「小春二条」なら霜害も受けず、収量が確保できる見込みがついたので、翌年から本格的に栽培を始めました。

稲作の施設や機械が使える

ホップは収穫後、生のままか、乾燥すればブルワリーに卸せます。いっぽうビール麦は、麦芽にして納めなければいけませんでした。市や関係機関に相談し、麦芽製造を委託できる会社は見つかりましたが、小ロットだと輸送費や製造費でコストが高くなります。加えて、持ち込むには玄麦の燻蒸処理を済ませる必要もあり（害虫を持ち込む危険性があるため）、難しいと判断。

しかし、栽培が成功したので何とか麦芽にしたいと、さまざまな資料を調べたところ、稲作で使う施設や機械を活用すれば、自分でも麦芽がつくれることがわかりました。

イネの催芽と全然違った！

最初は、水稲と同じように催芽器で芽を出させればいいかという考えでし

二条大麦「小春二条」（5月中旬撮影）。
実が2列に並んでいる（T）

二条大麦って、
穂がほんとに
平べったいんだよね～

（T）

た。しかし調べるほどに、麦芽製造はとても奥が深い！　水稲の種モミの催芽のやり方とは大きく異なることを痛感しました。

麦芽づくりを簡単にいうと、浸漬→芽出し→乾燥→芽切り・根切り→ふるいにかけて完成です。水稲の芽出しと比べるとものすごく時間のかかる作業です。試行錯誤した結果、いまどのように麦芽製造をしているかは、52～53ページで紹介しています。

農家仲間でブルワリー設立

麦芽が完成しても、成分値（タンパク含量やジアスターゼ力など）がビール醸造に適していなければいけません。そこで最初は納品先のブルワリーに協力いただいて成分分析にかけたところ、問題なく使えるとのことでホッとしました。麦芽製造にも自信がつきました。2019年、自家産麦芽とホップを使った「安曇野エール」が誕生。地元でも話題となりマスコミなどにも取り上げられるようになりました。

そして安曇野の農産物を使用したビールをもっと広げたいという思いから、22年には農家仲間2人と一緒に(合)安曇野ブルワリーを設立し、発泡酒製造免許（年間製造量6kg以上）を取得しました。酒類販売免許も取得して直販するほか、県酒販（長野県酒類販売(株)）を通して量販店や道の駅でも販売。月1000ℓ以上売れています。ビール麦栽培と麦芽製造を成功させたことで生まれたビールが、農業経営の柱の一つになりました。

現在二条大麦は80aで栽培しており、収量は約3・5t。うち2tを麦芽にしています（残りはJA出荷）。麦芽は自家醸造用だけでなく、昨年は県内酒造メーカーからの要望で、ウイスキーの原料として納めることもできました。麦芽はほとんどが外国産。地場産麦芽が注目されていると思います。

（長野県安曇野市）

6月中旬、収穫期の様子。収穫直後はうまく芽が出ないので、麦芽づくりは刈り取り後2、3カ月経ってから行なう。後作にはダイズを播く

筆者の麦芽づくり
(1回の製造量：玄麦70kgから麦芽54～56kgができる)

1 玄麦を浸漬（2日間）

玄麦をネットに入れ、水に浸ける。1日最低2回は水を替える。写真は2日間浸漬した様子。少しふっくらする。

2 芽出し（6～7日間）

玄米保管庫を12～15℃に設定し（秋播きする頃の温度）、玄麦を1～2cmの厚さでブルーシートの上に広げる。レーキで朝昼晩かき混ぜることで、空気や水分が均一に行き渡り、芽出しが揃う（T）。

このくらいで芽出しは完了。触るとべたつく。これ以上伸ばすと糖が消費されてしまう。

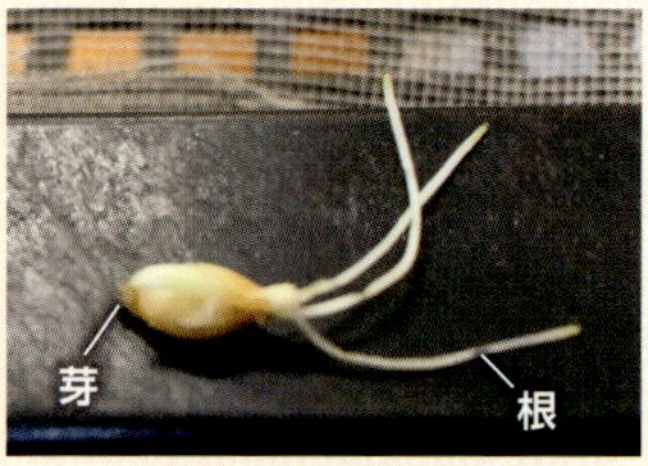

3 乾燥

食品用の電気乾燥機（シイタケ乾燥機より高温設定できる）で、40℃から始めて最終的に80℃の熱風をあてる。この温度でビールの風味が変わる。

乾燥後の様子。まだ麦芽の根が絡み合い、芽が出ているものもある。雑味の元になるので、循環式精米機で粒同士をゆっくり擦り合わせて取る（脱芒機でも可能）。

4 芽切り・根切り

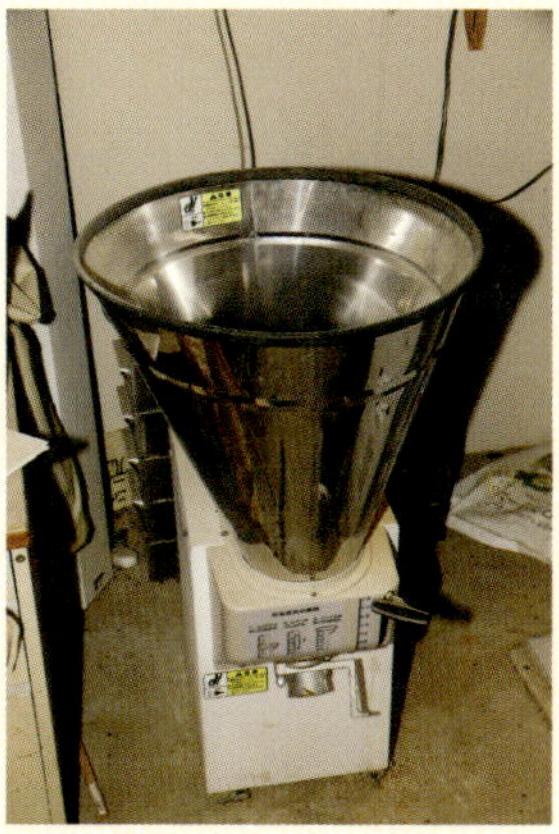

循環式精米機で芽と根を取る。

5 ふるいにかけて完成

芽と根を完全に取り除くことで、雑味のないビールができる。これで醸造所に納品。

含水率を測れば発芽揃いが抜群に

広島●秦 秀治

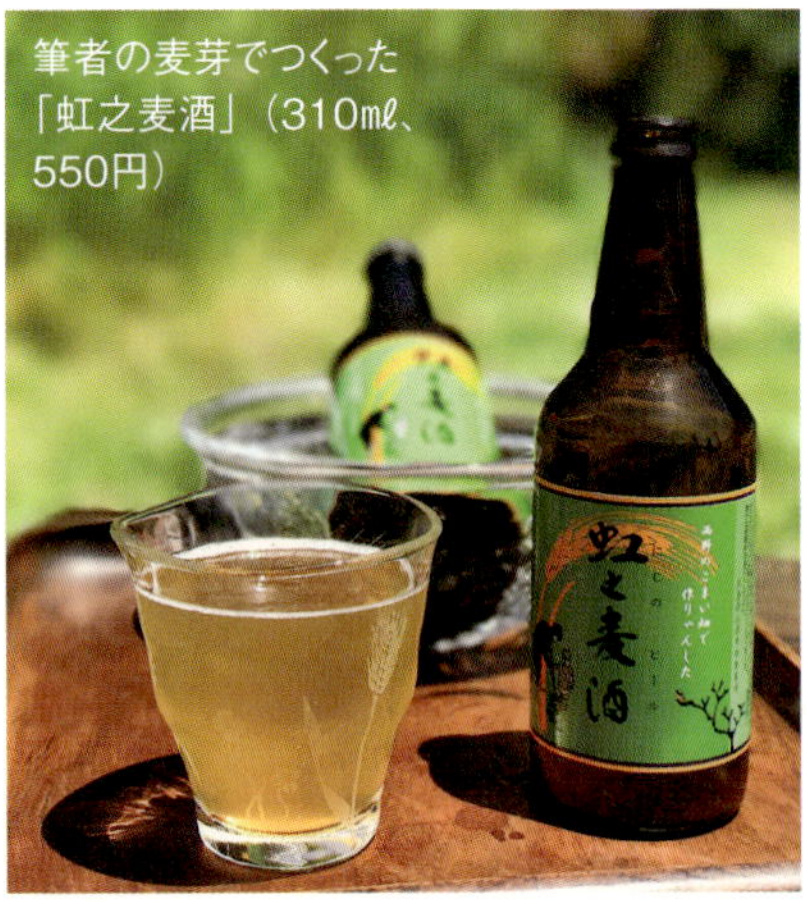

筆者の麦芽でつくった「虹之麦酒」（310㎖、550円）

耕作放棄地でつくるムギをビールに

瀬戸内海に面した暖地で簡易郵便局を個人受託しながら、70aの水田と50aの畑でムギやホップなどを作付けしています。市民グループで耕作放棄地を使ってビール麦（二条大麦）を栽培し、「虹之麦酒」というビールをつくる活動もしています。麦芽づくりでは初めは何度も失敗しましたが、浸漬後の含水率と芽出しの際の適切な温湿度がとくに大事だとわかりました。

①浸漬は含水率41～43％に

玄麦を水に浸漬するとき、私は含水率をチェックするために100gだけ分けてネットに入れています。100gのうち13％（13g）は元から含まれる水分と考えます。吸水して147gになれば含水率41％とみなし、水揚げします。気温10℃で3日ほどかかります。含水率を43％にしたほうが麦汁をつくるときに「溶け」がいいという説もあるので、もう少し吸水させてもいいのかもしれません。この方法で発芽が揃うようになりました。

②芽出しは3kgずつ小分けで

以前は芽出しの際に帆布に包んで保湿しようとしたため、熱がこもって腐敗させたりカビが生えたりしましたが、いまはタマネギネットに小分けにすることでうまくやっています。

水揚げした玄麦はタマネギネット20kg用に3kg程度ずつ入れ、シイタケ乾燥機の棚に並べます。このとき、袋同士を団子状に固めてまとめておきます。水分の蒸発を防ぐためです。

発根と同時にムギが熱を持ち始めるので団子状にしていた袋を一気に広げ

ムギ100gの含水率をチェック。脱水機にかけて水を切ってから計量する

ます。これが袋にたった３kgしか入れない理由です。

③シイタケ乾燥機で低温乾燥

　玄麦から１㎜以下の発芽が確認できたら、絡んだ根をほぐし、乾燥機で火は入れず送風のみで１日様子を見ます。このとき乾燥機の通風シャッターは全開にしておきます。根がしおれたのを確認したら火入れです。最初は37℃くらいからスタートし、シャッターは全開。次第に温度を上げていき、最低でも１日２〜３回は棚の上下を入れ替えます。

　麦芽を握って根がボロボロ崩れるようになったら、55℃にしてシャッターは閉め、熱気が乾燥機内を循環するようにします。ムギに含まれるタンパク質や酵素が変質・失活しないように、また灯油代節約のために60℃以下に設定しています。乾燥が終わったら脱芒機にかけて根と芽を取り除き袋詰めして収納します。以上のことに気を付けながら年間約３００kgの麦芽をつくり、１２００ℓのビールができます。

シイタケ乾燥機。シイタケ農家から譲ってもらった

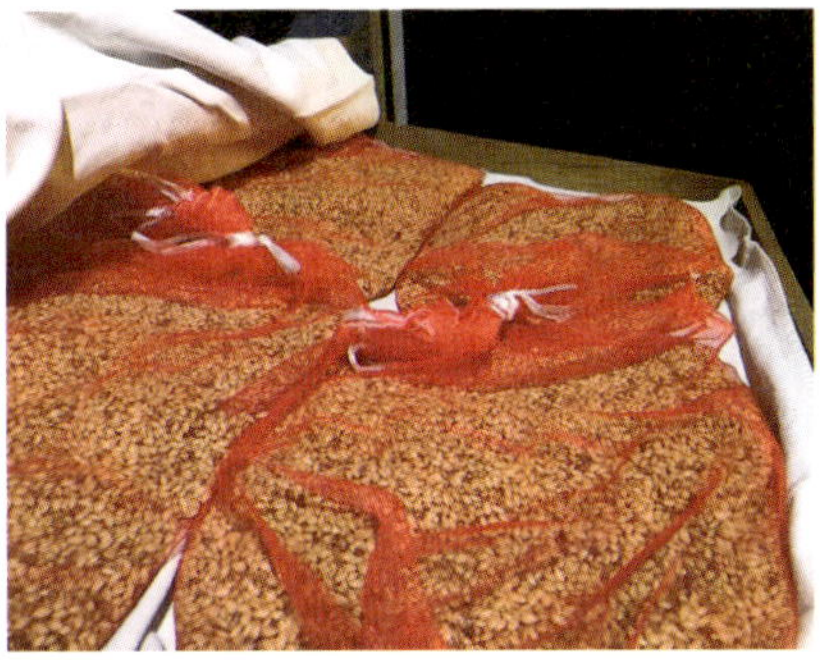

タマネギネットに入れてシイタケ乾燥機の棚に広げた麦芽。袋の口は簡単に結べてほどきやすい土のう袋の結び方で閉じた。現在帆布は使用していない

収穫は完熟してから

　梅雨がある日本では、ムギが完熟してから収穫することがいい麦芽をつくる一番の条件でないかと思います。稲作では天気に合わせて早めに収穫することもありますが、発芽させることを目的としたビール麦は、完熟してから収穫しないと発芽が揃いません。

　こうしてつくった乾燥麦芽を醸造所に発送します。現在はビール麦のほかに瀬戸内在来のもち麦でも麦芽をつくり、50％ずつ混ぜてビールをつくっています。はじめはビール麦ではないムギでビールをつくることに抵抗のあった醸造所から「いいのができました！」と電話をいただいたときは、自分でムギを栽培して麦芽をつくることの楽しさを実感しました。

耕作放棄地を復活、交流も広がる

　ビールは贈答や謝礼に使うことも多いです。加工賃やラベル代の外注費、肥料代や除草剤代、タネ代などを考えるとあまり儲かりません。兼業で農業をしながら耕作放棄地を農地に戻し、まわしていくことに意義を感じています。年間のお小遣い程度の売り上げで電動式一輪車や穀物冷蔵庫を増設したり、縦型循環式穀物乾燥機を増設したり、堆肥散布機を購入したり、少しずつ設備投資もできています。

　ビールづくりがきっかけで、有機農業仲間や集落の人付き合いを超えて、ＳＮＳなどを通じていろいろな交流が生まれるのも面白いです。

（広島県三原市）

収穫直前の赤もろこしの畑

自家産ソルガムモルトを使ったビール（発泡酒）。330㎖、6本、3240円（田中康弘撮影、左ページの写真も）

赤もろこしのモルト 黒い車のトランクで芽出し

長野●鎌倉 彬

ソルガムモルトをつくろう

私は長野市で信州ソルガム㈱を立ち上げ、在来のもち種ソルガム「赤もろこし」を約3ha栽培しています。粒や粉だけではソルガムの売り先が限られるので、家族全員が好きなビールをつくろうと思いました。必要な情報をネット検索するところから始め、5年前にできたのが「信州ソルガムエール煌《きら》り」です。年間収量3tのうち、3割をビールづくりに使っています。

一番の課題は、ムギでつくる麦芽（モルト）の代わりに「ソルガムモルト」をどうつくるかでした。実際に加工委託すると、小ロットのため1kg450円以上もかかることがわかりました。

自分で芽出しをして自分好みに焙煎すれば、コストを抑えながら赤もろこしの特徴を出したビールができるかもしれない。そんな希望を持ち、自分でつくる決意をしました。

春、車のトランクで催芽

催芽はいつでもできますが、田植え時期に行なうことが多いです。赤もろこしの播種もこの時期に行ないます。

まずタネをよく洗い網袋に入れて2日ほど水に浸漬したら、暖かくて暗い場所に一昼夜置きます。あちこちで試した結果、最適なのが、黒色の自家用車のトランクでした。

黒いボディーの車は、室内温度が上がるのが早く、24時間程度で小さな芽が出ます（天気にもよる）。放っておくとすぐ芽が伸びてしまうので、急いで焙煎窯に入れます。

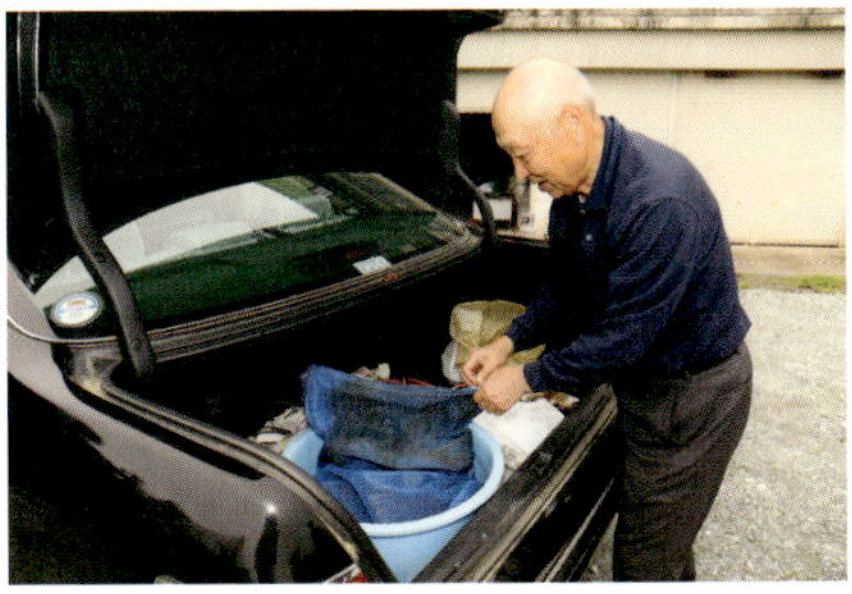

水に浸漬した「赤もろこし」を黒い車のトランクに入れて催芽。日中は陽当たりのよい場所に停めておく

一昼夜で芽が出る。1～2㎜伸びれば十分

特注の窯で乾燥・焙煎。下にプロパンガスのコンロを置いてある。ハンドルを回すと鍋の中の羽根が回転する。弱火でじっくり、数時間かけて加熱する

窯でじっくり乾燥・焙煎

芽出しした赤もろこしは糖が出ているのでべたついています。最初はコーヒー焙煎器を持っている若者に焙煎を頼みましたが、焙煎器に粒がひっついて焦げ、目詰まりしてしまいました。

　そこで焙煎窯を特注。大きな鍋にハンドルと羽根を付けたもので、火にかけながらハンドルを回して羽根を動かし、赤もろこしを混ぜて焦がさないようにじっくり乾燥します。驚くことに、いったん芽が出た赤もろこしは、焙煎中にも芽が少し伸びます（本当なのです）。これらは、自分で芽出しと焙煎をしないとわからない苦労と発見でした。

　こうして加工したソルガムモルトは、マイクロブルワリーに託し、ビールに仕上げてもらいます。

農家とブルワリーが組む

酒販免許を取得したので、できたビールは全量買い取り、直販や知り合いの酒屋、ふるさと納税などで月に500本程度を販売しています。もちろん自分の晩酌はこれ。若い女性にも「口当たりがいい」「飲みやすい」と人気です。なお、ソルガムモルトを原料の半分以上使っているため、正確には発泡酒扱い（p69）です。

　本当は、農家として地元で自分のビールや酒類をつくって販売することが夢です。しかしブルワリーを自分で経営するには、技術、資金、販売力を兼ね備えないと厳しい。いっぽうで、いまはマイクロブルワリーが全国各地にできています。小規模タンクで生産しているので、農家も委託しやすくなったと思います。各地のブルワリーと農家によって、大手にはできない製品が生まれるのではないでしょうか。

　ビール好きの私ですが、ビールづくりは生業ではなく、あくまで赤もろこしを栽培し続けるための手段です。タネを採り、地域にカネを落とし、遊休農地を減らしていくことに意味があると思っています。

（長野県長野市）

外来ホップ品種はパワーのある香り

秋田●小棚木裕也

クラフトビール人気上昇中

外来ホップの栽培を始めて4年目の25歳です。外来ホップ25品種、日本のホップ2品種を育てています。

私は前職で加工品用の外来ホップを栽培していましたが、その際にクラフトビールをつくる老舗醸造メーカーの木内酒造とつながりができたことが、自身で栽培を始めるきっかけでした。

近年日本でもクラフトビールが人気を上げており、クラフトビール好きが集まるフェスが各地で開かれ、コンビニでも多くの種類が売られています。

人気の背景にはホップがあると考えています。ビールは「のどごし」が大事ですが、クラフトビールでは「香り」も重視しています。ホップはその香りを生む重要な役割を担っています。

日本で栽培されるホップは大手ビールメーカー開発の数品種が主ですが、世界に目を向けると、その数は数えきれないほどあるといわれています。

収穫が1カ月早い、台風を避けられる

私の育てる外来ホップは、大きくアメリカの品種、ドイツの品種、イギリスの品種に分けられます。育てやすいのはアメリカの品種で、環境に適応して旺盛に生育するものが多くあります。ビール文化があるドイツの品種は改良が進んでいて病害虫に強く、アメリカの品種ほどではないものの育ちます。イギリスの品種は日本との気候が違いすぎるからか、育ちがよくありません。

日本のホップは6月下旬から線香花火のような「毛花」が開花し、8月の盆過ぎに松ぼっくり形のような「毬《まり》花《はな》」となるので、いっせいに収穫します。いっぽう外来ホップは6月上旬から開花して、7月上旬から順次収穫。開花から毬花が発達するまでの期間が短いおかげで、べと病、うどんこ病、灰色かび病などの病害が出にくく、消毒回数も少なくてすみます。台風のリスクも低くてすみます。

筆者（25歳）。ホップのほか、水稲やアスパラガスも栽培

毬花の形や大きさ、香りもさまざまです。日本のホップは古風な品のある香りがしますが、アメリカの品種には文字通りアメリカンサイズの大きい毬花がつくものもあり、香りもダイレクトなパワーのあるものが多いです。

おすすめのアメリカ品種

アメリカの品種の中でもおすすめなのが「チヌック」「ザーツ」です。

チヌックは側枝が伸びない品種で着花数は少なく、大きく重さのある花が

ザーツ。もともとチェコスロバキアの品種だったが、アメリカに渡って適応した。「USザーツ」とも呼ばれる

つきます。かなり早生の品種で、とくに秋田では台風の時期に当たりにくいこともメリットです。

ザーツは中生品種で、病気に強く、多年草として株の成熟が速い特徴があります。春、地中茎からの発芽率がよく、発芽した新芽が虫害を受けにくいので、たくさんの主茎ができます。チヌックがフルーツ系の特徴を持つのに対し、コショウのようなスパイシーな香りを持っています。

側枝摘心もつる下げも不要

私のところでは、外来ホップ品種は日本の品種の５分の１ほども収量がないものが多い状態です。主茎が地上10mほどまで伸びる日本の品種に比べ、外来ホップは６m弱と背丈が低く、側枝もあまり伸びないのです。でも、おかげで作業が大変な「つる下げ」も「側枝摘心」も必要なく、初夏に作業が集中することがありません。

側枝に多くの花をつけ、小面積で収量を上げるよう改良されている日本の品種と違い、海外の大規模なホップ園でラクに作業できるような品種が残ってきたのではないかと思います。

品種によって特徴が違い、日本の品種より香りがしっかり主張する外来ホップを取り入れれば、クラフトビールの面白みは大きく広がります。

また、温暖化や近年の異常気象を考えると、自然災害や病害虫の被害を受けにくい外来ホップは魅力的です。

ホップは多年草なので、３年経たなければ正確な結果や数字が見えてこない点で苦労します。いま、ようやく答えが見えてきたところなので、今後もっと力を入れていきたいと思っています。

（秋田県横手市）

日本の一般的なホップ栽培

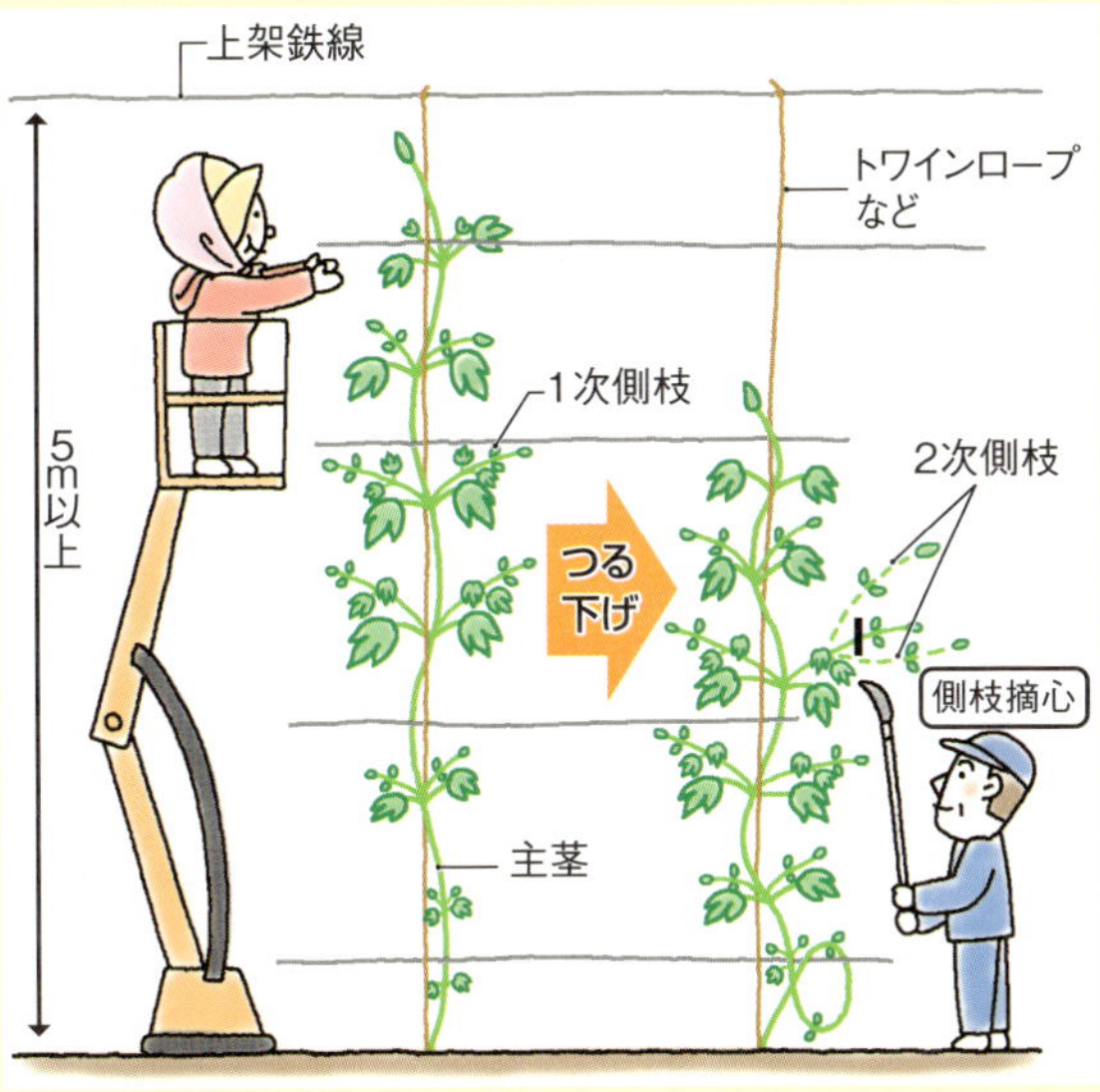
上架鉄線
トワインロープなど
1次側枝
2次側枝
5m以上
つる下げ
側枝摘心
主茎

日本のホップ栽培はほとんどがキリン、サッポロなど大手醸造メーカーとの契約栽培。品種も「かいこがね（キリン）」「フラノエース（サッポロ）」「南部早生（アサヒ）」など各メーカーが開発した数種類の多収品種が大半を占める。

ホップは多年草で棚栽培されることが多い。春（4～5月）に地下茎から出てくる新芽（主茎）を縄につたわせ、上へ上へと伸ばしていく。ある程度まで大きくなると1次側枝が発生する。

初夏、生長した主茎が上架鉄線に達すると、横に伸びて繁茂し、日光を遮るので、つるを引っ張って下ろす（つる下げ）。1次側枝は1節だけ残してすべて摘心。1次側枝が伸びすぎて折れてしまうのを防ぎ、2次側枝を発生させて花を多くつけるため。

地場産ホップに夢中です

山梨●小林吉倫

華やかな香りに魅了されて

私が農業を営むのは、八ヶ岳の南麓に位置する山梨県北杜市。北杜市や山梨県では80年ほど前はホップの栽培が盛んで、商業用ホップ栽培の発祥の地だった。それを知り、ホップの手摘み体験に行った際、人生で嗅いだことのないような華やかな香りに出会ったことが、ホップ栽培を始めるきっかけとなった。

雌株の花の一部が肥大化した球花（きゅうか）。毬花（まりはな）ともいう。品種はカスケード

ホップは、ビールに香りや苦みの特徴を与える唯一のものである。品種は約300種類以上あり、それぞれ香りが異なるため、ビールのバリエーションが増える原動力となっている。さらに、ビール醸造中の投入するタイミングによっても、ホップの特徴や違いが表われてくるため、ビールのレシピは星の数ほど多くなる。

アロマ、ビタリング、デュアル

たとえば国産品種第一号の「かいこがね」はオレンジのような柑橘系の香りがあり、アメリカ原産の伝統品種である「カスケード」はシトラスのような香りが特徴でクラフトビールの火付け役になった品種である。「ナゲット」という品種も育てやすくよい香りである。

ホップはビール醸造における役割から大きく分けて三つに分類され、アロマホップ、ビタリングホップ、その両方の特徴をあわせ持つデュアルがある。かいこがねやカスケードや「シンシュウワセ」はアロマホップに分類されて香り付けの役割となり、ナゲットはビタリングホップに分類されて苦みを付与する。ホップ各品種の香りはフルーツ、森林っぽさ、甘いお菓子などそれぞれが個性的で、その違いを楽しむだけでも農作業の疲れが消えるような気持ちになる。

5月半ばのかいこがね。「かい」は甲斐の国から、「こがね」は葉の色が黄金色に輝くことから名付けられた。かいこがねはこの段階では葉緑体がない

4カ月で5m、夏に収穫

ホップはつる性のアサ科の宿根草の

植物であり、収穫は年1回の夏の時期。基本的には冷涼な気候を好むため、おもに東北地方や北海道が栽培地域となっているが、最近はそれ以外の地域でもホップ栽培が行なわれるようになり、地域のクラフトビール会社との連携がとられているところも増えてきた。

およその地域では、3～4月に芽が出てきて、6～7月頃には4～5mほどの高さに生長し、花が咲いてくる。そして、7～8月には待ちに待った収穫を迎える。約4カ月で5mほどの高さまで生長する。短期間で生長が著しい植物だがそれなりに世話はかかるし、各地域での生長スピードや花の付き方なども違う。

ルプリンがポイント

ホップの生長スピードが速いので毎日遅れないよう、選芽や誘引などの作業を行なう必要があり、高所での手入れ作業もある。生命力の強い植物だが病気や暑さに非常に敏感であり、防除なども定期的かつタイミングよく行なわないときれいなホップとご対面することはなかなか難しい。

また、ホップが付いたからといって安心はできない。強風や作業中に少しでもつるが傷つけば、1時間足らずで枯れたりしてしまうから、収穫前は胃が痛くなる。

さらにホップの中身がちゃんと伴っているか、特有の香りがするかも重要である。ホップの断面を見るとわかるのだが、黄色い粒状のものがたくさん付いている。これはルプリンと呼ばれ、ホップ特有の香りや苦みが詰まったもので、ビールの香りや苦みの元。つまり、このルプリンがしっかり入っているか、成熟しているかでビールの完成度も変わってきてしまう。

品種、年数、地域で収量差

ホップは毎年収穫できるが、収量が目標値に届くまでには根株を植えてから3～5年ほどはかかるし、毎年きちんと世話してあげていないと5年以上の時間を要してしまうため気は抜けない。その間は、収穫物がわずかなため収益はなく、むしろ経費がかかってしまうからこそ、できあがったホップやビールへの思いは重いものがある。

収穫したホップは、各地の醸造所や食品加工所などへ相対で卸している。商業ベースでの栽培には技術面や生産性など課題が多々あり難しいが、自分が育てたホップが入ったビールはやはりおいしいし、なにより半年かけて育てたうれしさが込み上げてくる。皆さんもホップと触れ合ってみると、違った夏の価値が生まれるかもしれない。

（山梨県北杜市　㈱北杜ホップス）

収穫後、色合いの悪いホップや葉やつるなどを取り除く

ホップの断面。ルプリンが香りや苦みをビールにもたらす（笠倉暁夫著『手づくりビール読本』、農文協より）

ビールキットで手づくり晩酌代を節約

石川●西田栄喜

自作のビールに畑のハーブを入れた「ペパーミントビール」

ビールキット缶で簡単にできる

手づくりビールのことを知ったのは20年前、オーストラリアに遊学していたときのこと。向こうではホビー感覚で気軽にビールがつくれることに驚きました。

手づくりビールと聞くと身構えてしまいますが、市販のビールキット缶を使うと拍子抜けするほど簡単です。あまりのシンプルさに面白みに欠けるほどですが、味を安定させるには少しコツがいります。実際、私も最初の頃は手づくり感溢れる味が続き、しばらくつくるのをやめていました。再開したきっかけは出費を抑える必要性に駆られてでした……（汗）。

「せっかくつくるならおいしいものを」と、今度は真面目に取り組みました。コツとしては別売りのペレットホップを加えて風味をつけること。それとビン詰めの容器。633㎖ビンではなく、炭酸飲料が入っていた500㎖のペットボトルを使います。

1カ月で6000円の節約に

手づくりビールはキット缶の価格にもよりますが、500㎖当たり60円ほどでできます。私の場合、毎日晩酌で1本は飲んでいますので、ビールを購入していたときと比べ、ひと月当たり6000円は浮いていることになります。

酵母が生きたビールを飲み慣れると市販のビールは物足りなく感じてきます。ちなみにビール酵母はそれだけで栄養価が高く、免疫力を上げる健康食品として販売されているほど。2次発酵したビールのオリを100～200倍に薄めて畑の野菜に撒けばうどんこ病を抑える効果があるというので、そちらも活用させてもらっています。

いまはインターネットで世界中のビールキット缶が気軽に買えるようになりました。趣味と実益と健康を兼ね備えた手づくりビール。もっと広がればと思います。

（石川県能美市）

酵母によって変わる
発酵のタイプとビールの種類

●上面発酵
上面発酵の酵母は発酵が進むと炭酸ガスとともに液面に浮上してくる。15～20℃の常温で発酵するので、冷却設備が必要なく、小さい醸造所向き。発酵期間も短い。“華やかな香りと豊かなコク”のエール系ビールになる。

ペールエール（イギリスで定番の芳醇な香りと苦みがきいたビール）
ヴァイツェン（小麦を使ったフルーティなビール）
スタウト（麦芽以外に大麦をローストして加えたアイルランドの黒ビール）など

●下面発酵
下面発酵の酵母は発酵終了時に沈殿。10℃以下の低温で発酵するので、冷水タンクなどの冷却設備が必要。現在のビールの主流で、炭酸ガスを多く含む“のど越しスッキリ、爽快なキレ”のラガー系のビールになる。ちなみに大手メーカーはほとんどこの方式で品質安定のために熱処理・濾過して酵母を除く。

ピルスナー（世界で一番飲まれている黄金色のスッキリ味のビール）
アメリカンラガー（ゴクゴク飲める軽いビール）
デュンケル（ドイツ生まれの苦みが弱い濃色ビール）など

※自然発酵
酵母を投入せず、醸造所の野生酵母や乳酸菌を使って発酵。酸味が強いベルギービールのランビックが代表的

手づくりビールのつくり方

❶市販のビールキット缶を3ℓの湯に溶かして煮込む（このときに砂糖を加えるとアルコール度数の高いビールになるが、日本では醸造免許がなければ法律で1％以下のものしかつくることができません）。ペレットホップ（1缶につき15gほど）は火を止める5分前に投入。煮込み過ぎると風味が飛んでしまう。

❷❶を発酵タンクに入れて水を加える（総量17～23ℓ）。30℃ほどに冷ましたらイースト菌（ビール酵母）を入れて数日間発酵させる。

❸発酵が止まったらビン詰め。633㎖ビンだと2次発酵させるときの砂糖の量の計算がたいへん。500㎖のペットボトルなら3gのスティックシュガーを1本入れるだけでよい。

❹1週間ほど待ってできあがり。非熱処理・無濾過なので酵母は生きており、熟成させると味が変わる。

ビールキット缶（イースト菌付き）は2000～2500円でネットでも購入できる

委託醸造ってどうやるの？

マイクロブルワリーに聞いてみた

まとめ●編集部

小さな規模の工場で独自のビールを醸造するのがマイクロブルワリー。農家などから依頼を受け、さまざまな原料でビールをつくることも増えている。ビールを委託醸造するときの流れや最近の傾向などを教えていただいた。

最小ロットは1200ℓ 新たな価値を生み出すことがやりがい

埼玉県越生町・麻原酒造㈱ **坂元明弘**

規格外品を使った醸造依頼が多い

ここ数年増えているのは、農家の方からの依頼です。鎌倉彬さん（p56）のソルガム「赤もろこし」など変わった原料もありますが、とくに多いのが青果物の規格外品をビールの香り付けなどの副原料として活用する目的での依頼です。規格外といっても味わいや風味は遜色ないので、おいしくできあがります。つい先日も、収穫されたばかりのトウモロコシを使ってビールをつくりました。

鎌倉彬さん（p56）からの依頼で製造したソルガムのビール（発泡酒）「煌《きら》り」。右上は茎葉残渣の灰を釉薬にしたビアカップ（写真：鎌倉彬、次も）

どれくらいの量からビールをつくれるかは、醸造所の設備によって異なります。弊社の場合、ビール製造の最小ロットは1200ℓ（最小タンクの容量）、330㎖ビンで約3600本です。

商品開発に1〜6カ月、製造に2〜3カ月

まずは商品のコンセプトや販売方法のイメージを相談します。試作して原料や製造方法を決め、見積もりを出し、本製造へと進みます。ここまでの期間は1〜6カ月程度、仕込みから出

お酒を自分で売るには

委託でつくったお酒を売るには税務署から交付される酒類販売業免許（酒販免許）が必要となる。

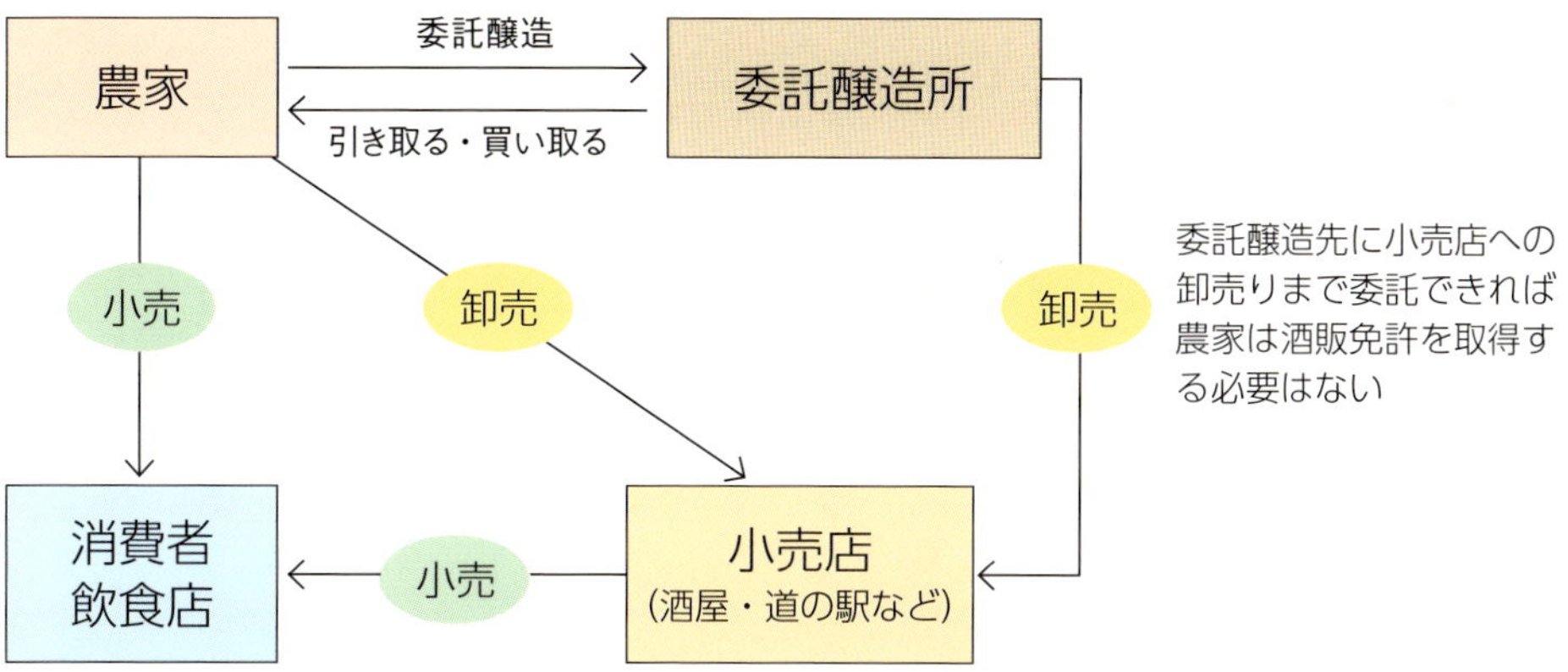

- 酒販免許には2種類あり、小売には酒類小売業免許、卸売には酒類卸売業免許が必要
- いずれかの酒販免許を持っていても、イベントやマーケットなどでの販売にはその都度期限付きの免許の申請が必須

荷までは2～3カ月程度です。

依頼する側にとっては、どこまで希望が通るのかなど、不明な点が多いと思います。原料の特徴や収穫時期を聞き、要望を最大限実現できるように、打ち合わせの時間を大切にしています。ビールではなく、ワインやリキュールとして商品化したほうが原料の特徴が出せる場合や販売の強みになるケースもあります。

酒販免許を取る人が増えている

受託醸造の場合は、完成品は全量引き取ってもらっています。依頼主が自分で飲用したり、身近な人に配って消費する分には酒販免許の必要はありませんが、販売する場合には必要です（酒類販売免許については上図）。

近年は農家をはじめ、いろいろな業種の方が強い思いを持って免許を取得するケースが増えています。商品も個性や特徴があるものをつくる案件が増えています。また、不特定多数の見えない誰かに大量に販売しようとはせず、少量でもたとえば地元の方や特定のファン（たとえばショウガ好きにはショウガビールなど）に向けて届けられているのも特徴だと思います。

まずは手元の原料で何がどれくらいつくれるか、ご相談ください。弊社もすべてに対応できるわけではありませんが、加工技術の習得や、新規設備の導入などで、いろいろな原料に対応できるよう努めています。

ソルガムビールづくりでの挑戦

農家から受け取った原料で新たな価値を生み出すことにはとてもやりがいを感じますし、思いのこもった依頼を受けるのは醸造所の使命だと思います。

いろいろな産物でお酒をつくってきましたが、ソルガムにはなじみがありませんでした。当時は国内でソルガムビールの製造例がなく、税務署もビールの原料にできるか判断が難しかったようです（結果的に認められました）。

鎌倉彬さんからの希望は、原料になるべく多くソルガムを使うことと、ソルガムの風味を引き出すこと。しかしそのまま麦汁に加えるとアルコールが上がらず、味のバランスも崩れてしまいました。そんななか、鎌倉さんと世界中のソルガムビールについて調べて見つけたヒントが「芽出しして焙煎する」でした。大麦麦芽のようにソルガムを発芽させることでソルガムに糖化酵素を生み出させ、乾燥・焙煎加工によって香ばしい風味を持たせれば……。麻原酒造では芽出しと焙煎まで対応できませんでしたが、鎌倉さんが製造してくださり、見事な味わいになりました。1年以上かかりましたが、鎌倉さんの情熱によって商品化できたことは、とてもうれしいものでした。

ソルガムビールの原料となるソルガム「赤もろこし」（ノコギリ鎌で刈り取った穂）。茎葉残渣はマッシュルームの培地などにも活用

約50ℓから！ポリ袋で自由なビールをつくる

島根県江津市・㈱石見麦酒　**山口厳雄**

超小ロット醸造を実現

タンクの代わりにポリ袋と冷蔵庫を使った超小ロットからの醸造を可能にしました（石見式醸造方式）。設備への大規模投資が必要なく、ビンでも缶でも150本から醸造可能です。

農家からの穀物、野菜、果物といった農産物での依頼が多く、ビールに限らず、ワインや果実酒など、素材に合った加工を提案しています。基本的に依頼は断らないようにしていて、シジミのビールをつくったこともあります。地元のものを「地ビール」に加工することで、農作物の産地化を後押ししたり、ビールを名刺代わりに飲食店への営業に使って販路を開拓するなど、新たな需要を生むきっかけになればいいと思っています。

コロナ禍がチャンスになった

県外からの依頼が以前より多くなっ

石見式醸造方式。ポリ袋に麦汁を入れて冷蔵庫で発酵させている様子。写真のもので約115ℓ（330㎖ビンで約350本分）

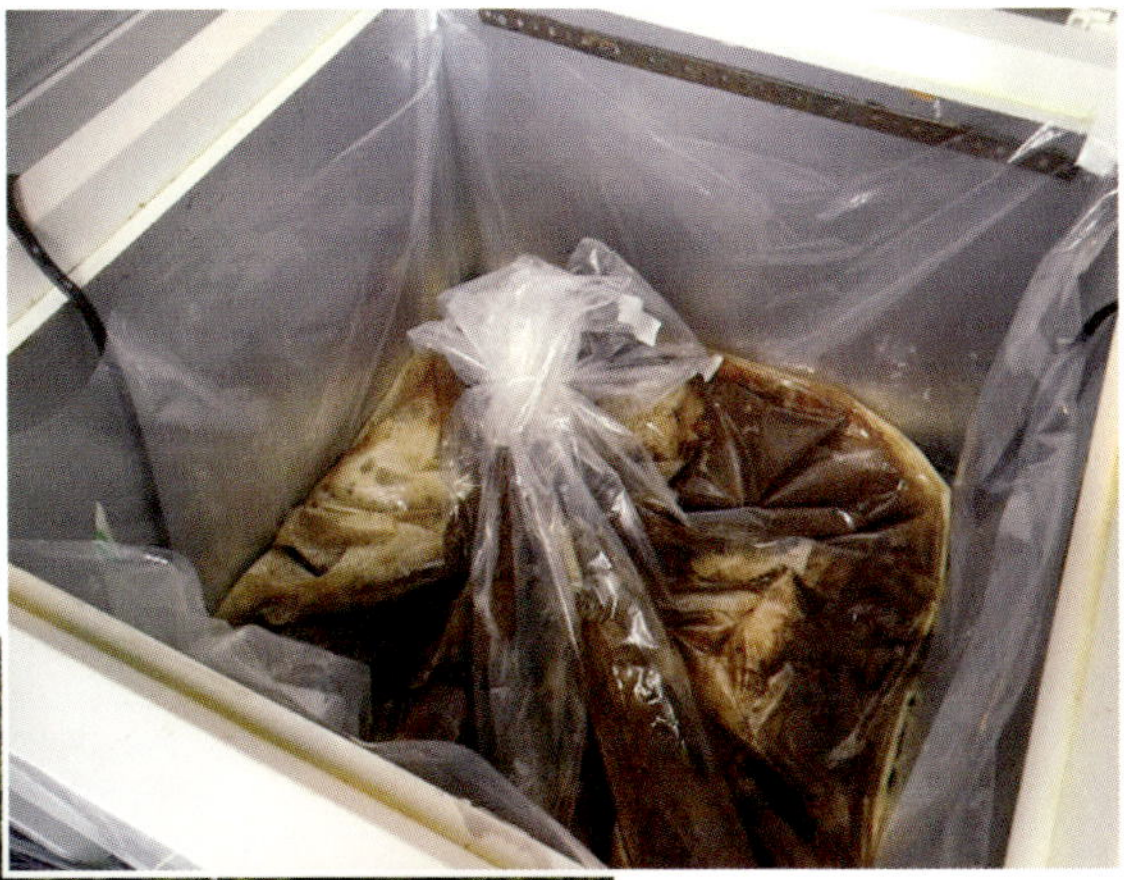

ています。コロナがきっかけで、Ｚｏｏｍなどのオンライン会議で気軽に顔を合わせてミーティングができるようになり、活動の幅が広がりました。一緒に「オンライン飲み」をしながらテイスティングできます。

全体の醸造量も増えました。家飲みが増えたからかもしれません。また、コロナの影響で飲食店などへの販路を断たれた果物や野菜をビールにしたいという依頼が増えたこともあります。

商品開発で一番時間がかかるのは味を決める工程です。ビールは他のお酒と比べても味わいが自由で、その分イメージを共有するのが難しくもあります。たとえば「ベルギーのこのビールが好き」など具体的なイメージがあればそれに沿ってレシピを考えますし、いくつかの試作品を飲み比べながらレシピを決めることもできます。小ロットの強みですね。レシピが決まれば３週間ほどで醸造、納期までに納める流れです。

受託醸造で いろんな傑作ビールが誕生

福島●関 元弘さん

ななくさビーヤ 330mℓ 500円（税抜）。
（写真はすべて尾崎たまき）

副原料に使うユズやカキ、ハーブなどはすべて地元産。搾汁して麦汁に加えることでいろいろなスタイルの味が楽しめる「地発泡酒」だ。無濾過、非熱処理で酵母が生きているので、重厚な味わいと豊かなコクが自慢で、ユズとカキ、ハーブの3種類を販売する。

醸造は委託せず、農家の関さんが自分で行なう。Iターン就農で10年目。もともとビールが好きだった関さんは、100%地元の産物を使った地ビールをつくりたくて、手が出しやすい「発泡酒製造免許」を取得。東日本大震災の年に小さいブルワリー（醸造所）を開設した。農業の傍らなので、醸造所は自宅に隣接する養蚕納屋を改装。仕込み釜を200ℓの寸胴で代用したり、充填機や打栓機は中古品を購入するなどして醸造機器一式を合計50万円ほどでそろえた。

「ななくさビーヤ」は、地元の道の駅やスーパー、農家民宿で販売するほか、19ℓ入りのサーバーの貸し出しも行なっており、地元の旅行会や産直のイベントなどで大好評になっている。

また、農家の6次化の手伝いを農閑期の仕事にしようと、小ロット（300本から）の醸造も請け負う。地元

ビール免許と発泡酒免許

1994年の規制緩和で「ビール製造免許」は、年間の最低製造数量が2000kℓ（大ビン316万本）から60kℓ（大ビン10万本弱、日産300本程度）に引き下げられた。これによって日本各地に小規模のビールメーカーが誕生し、全国に「地ビール」ブームが起こった。

だが、実際は年間60kℓでもまだ多い。大規模な醸造設備と販路がなければ簡単には参入できない。ところが、ビール製造免許ではなく「発泡酒免許」なら年間6kℓ（大ビン1万本弱、日産30本程度）でOKだ。これなら小さい設備投資でもやっていけるし、副原料に果樹や野菜など、地元の産物を使うこともできる。搾汁や漬け込みで麦汁に加えれば、いろんな味のビールを楽しめる。p70に登場する傑作ビールはいずれも「発泡酒免許」でつくったアイデア商品だ。

「発泡酒」というと、大手メーカーが税金逃れに麦芽をケチって製造した「安いビールもどき」というイメージが強いが、農家と小規模醸造所がつくる「地発泡酒」は全然違う。価格はちょっと高いが、麦芽もケチらずに入れるからウマイ。ちなみに発泡酒の場合は、製品表示ラベルに「商品名：ビール」とは書けないが、製品名に「エール」や「ラガー」など、ビールの種類をつけるのは可。ポップなどの宣伝物に「クラフトビール」「地ビール」と書くのは構わないようだ。

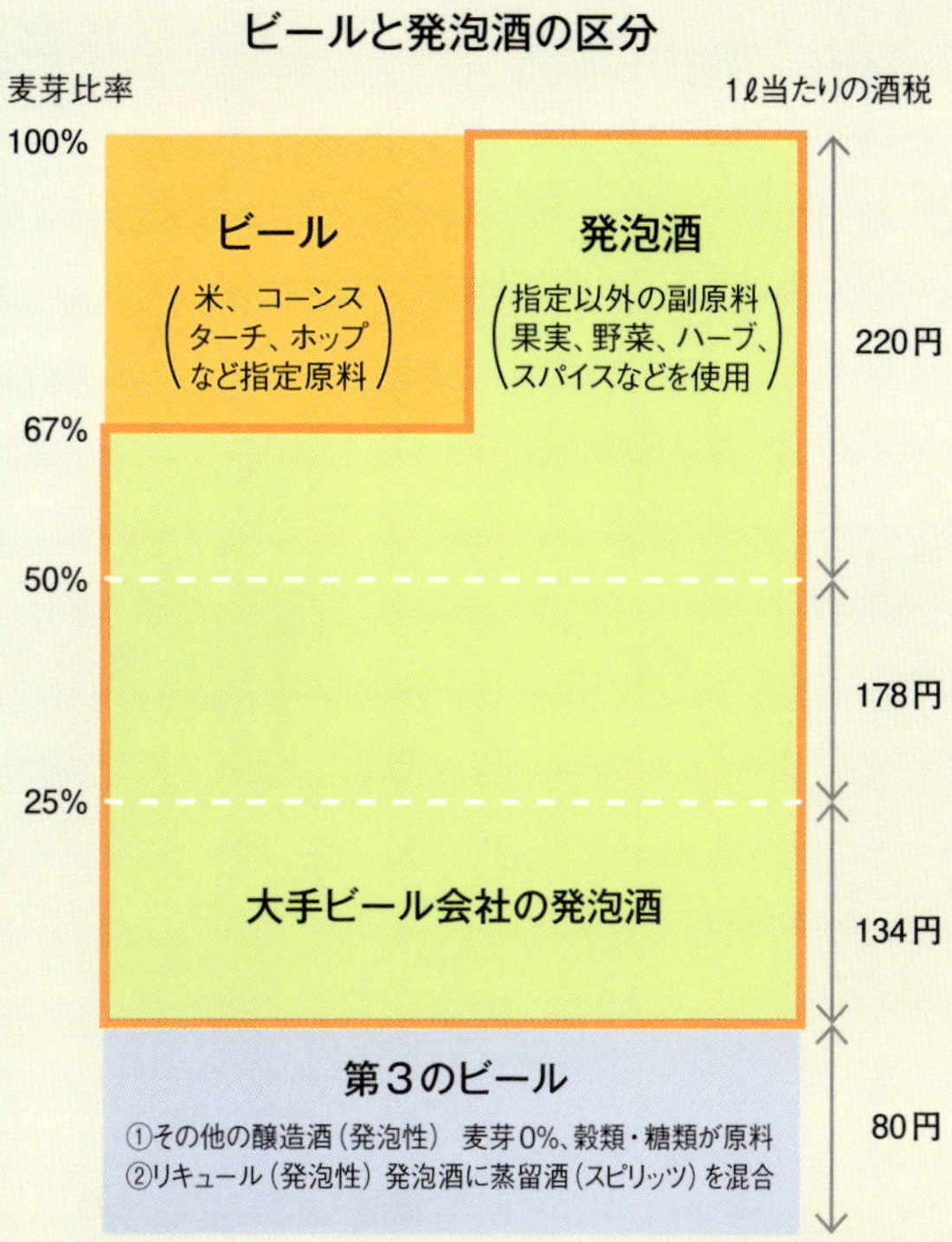

酒税法では、ビールと発泡酒は麦芽比率と副原料で区分する。ビールは麦芽比率が67%以上、副原料は米やコーンスターチ、ホップなど特定のものしか使用できない。また、麦芽比率で酒税が異なり、大手メーカーの発泡酒は麦芽比率を25%未満に下げ、税金が安くなるようにつくっている。また「第3のビール」は、麦芽がゼロでもよく、酒税はビールの3分の1程度。

ただいま自宅の庭でホップを試験栽培中。実ったホップは根を切った後、そのまま吊るして乾燥する

「地発泡酒はいろいろな副原料が使えるので風土の味が楽しめます」と関元弘さん

農家のリンゴの果汁をたっぷり加えた「林檎エール」や玄ソバを入れた「蕎麦エール」など、数々の傑作ビールが生まれた。

（福島県二本松市　ななくさナノブルワリー　http://nanaxsa.web.fc2.com/）

農家の傑作ビール

まとめ・編集部／イラスト・飯島満

楓仙（ふうせん）　**楓酔**（ふうすい）
330mℓ　650円（税抜）
暮らし考房　TEL.0233-52-7132

自生イタヤカエデの樹液入り

メープルビール

（山形県金山町杉沢地区・暮らし考房）

1本の木から5～10ℓしか採れない貴重なイタヤカエデの樹液を水の2/3も使用し、町内に自生する野生のホップ「唐花草」で香りや風味をつけた。岩手県一関市の「世嬉の一酒造」に醸造委託。アルコール度数4％と軽めに仕上げた「楓酔《ふうすい》」と、アルコール度数7％、エゾウコギのエキスを入れて濃厚味の黒ビール系にした「楓仙《ふうせん》」の2種類がある。

> 30年ほど前からカエデの樹液採取を始め、メープルシロップをつくっていましたが、量や価格でカナダ産に太刀打ちできないと考え、世界初の樹液ビールをつくりました。販売を暮らし考房に限定することで、訪ねて来る人も多様になり、山林のよさを直接感じてもらえます。（代表 栗田和則）

特産レタスの取引先も増えた

レタスビール

（群馬県昭和村・農業生産法人㈱野菜くらぶ）

レタスの一大産地、昭和村ならではのクラフトビールが今年完成。醸造は小ロットから対応する静岡県沼津市の「日本ビール醸造会社」。レタスは搾汁するのではなく、細かく刻んで麦汁に長時間漬け込むと、香りや風味がよく出る。マスカットのようなフルーティ感があり、肉や魚料理に合う。

> 原料は麦芽とホップとレタスのみ。香料は使っていません。ネット通販や都心の酒屋、取引先のイベントなどで販売していますが、けっこう評判ですよ。半年で2.7kℓつくって、200万円の売り上げです。特産のレタスのアピールにもなり、新しい取引先が増えました。（総務部 竹内明彦）

VEGEALE LETTUCE（ベジエールレタス）
330mℓ　444円（税抜）
農業生産法人㈱野菜くらぶ
www.yasaiclub.co.jp

八ヶ岳黒米ラガー
330mℓ　500円（税抜）
㈱萌木の村　TEL.0551-48-3522

ポリフェノールの効果で女性にも人気

黒米ビール

（山梨県北杜市・五味斉）

黒米「朝紫」を副原料に使って、同市の「萌木の村八ヶ岳ブルワリー」が醸造。黒米は眼の疲労や動脈硬化などの改善に効果があるとされるアントシアニンを含んでおり、健康飲料として女性にも人気がある。淡い紫色で苦みが少なく、ほのかな甘さも感じる。

> 黒米ビールは年1回の限定醸造なので、プレミアム地ビールとして人気が高く、地元ブランドの一つとして役立っていると思います。（農家 五味斉）

第4章 ワインをつくろう

——好みの果汁と酵母で楽しむ

ブドウからワインができるまで

ブドウの甘～い糖分が、酵母の力でアルコールに変わり、ワインができる。その過程を「発酵」という。発酵のしくみと合わせて、自分でできるシンプルな赤ワインのつくり方を見てみよう。

まとめ●編集部／河本徹朗（イラスト）

赤ワインのつくり方

ベリーＡなど黒ブドウを用意。枝から実を外す。ゴミや傷んだ実は取り除く。

ブドウをつぶす

ポリバケツなどにブドウを入れて、手や棒でつぶす。ブドウにいる天然酵母だけだと菌が弱く腐敗することもあるので、市販の酵母（ドライイーストやワイン用イースト）を少し入れてもいい。白ワインを黒ブドウからつくる場合は、皮やタネを除いて発酵②へ進む。

発酵①

フタは軽めにして発生する炭酸ガスを逃がす。20～30℃程度の暗所で5～10日間置くと、アルコール度数が上がり、皮やタネからポリフェノールが溶出する。浮き上がってくる皮やカスは、カビ防止のため1日1回は沈める。

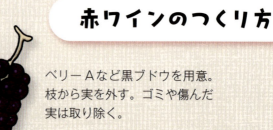

ワイン完成！

オリが入らないようサイフォンの原理などで上澄み液をビンに移す。酵母の働きで香りや風味のいいワインになる。封をして１年くらいの間に飲み切るようにする。タンニンが強い場合は少し置くとまろやかになる。

マスカット
ベリーA
2015

風味
アルコール
炭酸ガス
発酵

発酵②

果汁内に残った糖を完全に分解する過程。冷暗所で１～数カ月。フタはアルミホイルをかぶせる程度。発酵中は表面に白い泡が出るが、落ち着くと泡は消え、液の濁りがとれてオリがたまる。

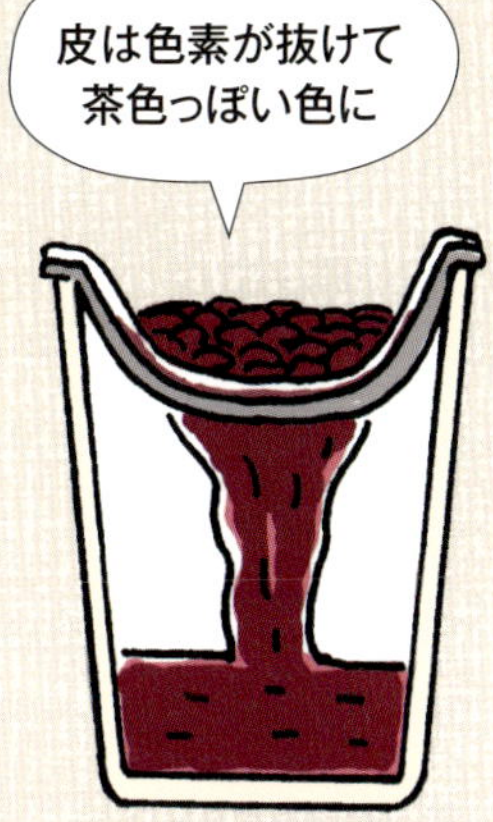
皮は色素が抜けて
茶色っぽい色に

果汁を搾る

皮を沈めても白い泡が出なくなったら、雑菌繁殖の原因になる果皮などのカスを取り除く。搾りたての果汁には濁りがある。酸素と接触する部分を減らすため、細口ビンに移す。

●ブドウはつぶすだけでもワインになる⁉

ブドウには発酵の材料となる糖も酵母も豊富。ただふだんは果肉の糖と外にいる酵母が皮で隔てられている。ブドウをつぶせば、この二者が出会う。あとは勝手に発酵が始まり、極端にいえば放っておいてもワインになる。ワインは、最も簡単につくれるお酒なのだ。日本でも昔から自生ヤマブドウを原料に自給酒として全国で愛飲されてきた。

ワインに向く品種の話

ブドウは、日本では90%強が生食用につくられているが、
世界的に見ると栽培されているブドウの70%以上はワイン用だ。
ワインに向くのは、糖度が高く、より原種に近い酸味や渋みもある品種といわれ、「ワイン用品種でないと」というワイナリーも多い。
ブドウの品種は大きく欧州系と米国系の2系統に分類されるが、
おおまかには欧州系はワイン用、米国系は生食用ともいえる。

ワイン用の特徴
- 糖度も酸度も高い
- 小粒で皮やタネの比率が高い
- 香りが弱い

生食用の特徴
- 大粒で皮が薄い
- 糖度は高く、酸度は低い
- 香りが強い

	日本の品種、在来種など	欧州系品種	米国系品種
生食用	巨峰 ピオーネ シャインマスカット		デラウェア キャンベルアーリー
生食・ワイン兼用	甲州 マスカット・ベリーA		
ワイン用品種	ヤマブドウ 小公子 ヤマ・ソービニオン 甲斐ノワール 甲斐ブラン 信濃リースリング	シャルドネ カベルネ・ソーヴィニヨン ソーヴィニヨン・ブラン ピノ・ノワール リースリング メルロー	コンコード ナイアガラ

＊基本的に黒（●）ブドウは赤ワイン用、白（●）・赤（●）ブドウは白ワイン用
＊甲州と小公子を除く日本のワイン用品種は、日本の湿潤な気候でも育てやすい米国種やヤマブドウに欧州種を掛け合わせて育種したもの
＊「ワイン専用品種」と呼ばれる品種は、国際ブドウ・ワイン機構（OIV）に認定された品種で、多くは欧州種。日本の品種では「甲州」（2010年）と「マスカット・ベリーA」（2013年）の二つが認定済み。認定を受けるとEUへ輸出する際に品種を表記できる

おもなワイン用品種

メルロー

早生。フランスのボルドー地方原産。日本では長野県塩尻市で多い。欧州系品種のなかでは日本の気候に合い栽培しやすい。ワインはたっぷりとした果実味と柔らかなタンニンが特徴
（写真はすべて戸倉江里）

小公子

極早生。日本生まれで、中国やヒマラヤ、日本、韓国などの野生ブドウと欧州種などで育種。病害虫に強く、減農薬・有機栽培に向く。ワインは野性味に溢れ、ポリフェノールが豊富

シャルドネ

早生。世界各地で栽培され、日本では栽培面積が最も広い白ワイン用品種。ワインは、品種としての個性に乏しいが、産地の個性をよくあらわし、醸造法によっても味や香りが異なる

生食用品種でもおいしいワインはできる

甘く、皮も薄く改良されてきた生食用品種のほうが日本では身近。
デラウェアも生食用品種だが、日本ではじつはワインにも多く使われている。

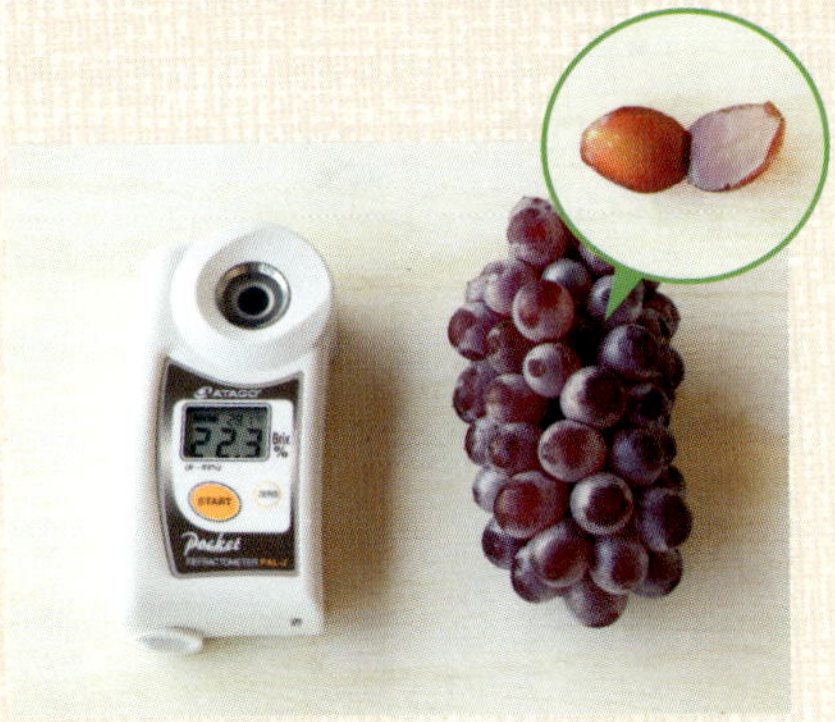

生食用のデラウェア

糖度は22.3度だった。食べるとおいしいが、ワインにするとおそらく酸味がなく水っぽく感じる

ワイン用のデラウェア

完熟する前、青い実が残るうちに収穫するとおいしいワインになる。食べてみるとけっこう酸っぱく、糖度は14.9度だった。糖度が低いとアルコール度数が低くなってしまうので、仕込むときに完熟したものを混ぜたり補糖したりする。生食用では取ってしまう副房も、タネもそのまま

季節の果物で天然酵母生活

●山内早月

果物の表面にはたくさんの酵母菌がいる。ワイン以外でも役に立つ天然酵母は、醸しているだけでなぜだか楽しいのだ。(編集部)

カキ酵母（発酵のピーク前）

キッチンから聞こえる、香る

ぷくぷく、みーみー、しゅわしゅわ。これは、わが家のキッチンにずらりと並んだビンから聞こえる音。天然酵母が奏でる極上の音楽なのです。

私が天然酵母との暮らしを楽しむようになったのは、「身近な果物や野菜を使って、簡単に天然酵母を育てることができる」と知り合いから聞いたのがきっかけでした。そう、私たちの身のまわりのあちこちに、酵母はすみついているのです。

そうした季節の素材と、酵母の大好物である糖分とを、ビンの中にぎゅっと閉じ込めてやります。仕込んでから約4日も経つと、酸素なしには生きられない微生物は力を失い、ビンの中は酵母の天下に。酵母が活発に呼吸をすることで、ビンの中に気泡が溢れます。そして、素材を食べて分解するため、水の中にはさまざまな甘みと旨みが溶け出します。しゅわしゅわとした細かい泡、ボコボコと波打つ泡、放たれるほのかに甘酸っぱい香り。酵母の活躍ぶりに胸躍らせながら一口なめてみると、味わったこともないような、旨みと酸味のハーモニー。角のないまろやかなアルコール風味に、思わず笑顔がこぼれます。

使い道はいろいろ

約1週間で激しく泡を出すようになり、フタを開けると「ぷしゅっ」と音を立てる状態に。その発酵のピークをとらえて酵母液を使います。パンのイーストとして使ったり、料理の隠し味として使ったり。

ときにはシャンパン風飲料として、そのままごくごくと飲み干すのも楽しみの一つです。カキやリンゴなどの果物酵母液は、炭酸ガスが溶け込んだ天然のアルコール風飲料。その味わいはとにかくフルーティ。ふくよかな甘みのなかに感じるさわやかな酸味、舌の上で弾ける泡のしゅわしゅわとした軽

酵母の殖やし方

❶ジャムなどの空きビンを用意、煮沸消毒（雑菌の繁殖を防ぐため）。

❷水、果物、ハチミツなどの糖分（大さじ1程度）を加えて密封。果物はたっぷり、水もビンいっぱいに詰める。果物はなるべく無農薬のものを利用。

❸冷蔵庫の中で3日間寝かせる（ビンの中で乳酸菌が優先となり、雑菌の力を弱める）。

❹ビンを常温に戻すと酵母が活性化。アルコールと炭酸ガスを出す。

❺フタを開けて元気な音を立てると使いどき（約1週間後）。こして液だけを使う。

※悪臭がしたら、必ず捨ててください。また、利用時の体調などの個人差があるため、捨てた酵母は自己責任でご利用ください。

リンゴ酵母の山食パン

カキ酵母

カキ酵母で焼くプチパン

つくり方（約4個分）

強力粉200gに対してカキ酵母液120cc、塩小さじ2/3をまぜてこねる→約半日かけて1次発酵→様子を見て2次発酵→クープを入れて100℃で20分、160℃で20分焼成(焼き温度や時間は、オーブンの特性により調整)

快なリズム、ふんわりと鼻を抜けていく軽やかな香り。生きた酵母をそのまま飲むことは、身体にたっぷりとごほうびをあげること。いつもそう感じます。

思い通りにならないから愛おしい

天然酵母は、じつに自由気まま。さっきまで静かだと思っていたら、急にじーじーと音を立てたり、また、その逆もあったり。思い通りにならないから気にかかるし、だからこそ愛しい。まさにそんな存在なので、酵母の楽しみ方の幅はどんどん広がっていくのです。柔軟に、大らかに、でも、雑菌にだけは気を配って。それが、酵母とうまくお付き合いしていくための秘訣なのだと思います。

素材から溶け出た鮮やかな色を愛でたり、次々と立ち上がる泡を心ゆくまで見つめたり、その音に耳をすませたり。酵母との暮らしは、自分の五感が喜ぶ暮らし。これからも、私の「天然酵母生活」は続きます。

（ライター）

ドブロク宣言

イラスト・文／ヨシダケン

第99回

天然酵母でつくる野趣溢れる山ブドウワイン

長野一子さん

関西出身の長野一子さんは子供が産まれて食の大切さを知った。無農薬野菜は高価で毎回、食卓に並べるのは大変なこと。そこで20年前に一念発起して一家で長野県に移住。古民家を購入して夫婦で林業に従事しながらコツコツとリフォームを続けた。現在一子さんは林業、農業のかたわらライター

ペットで飼っているヤギは敷地内の草刈りを担当している

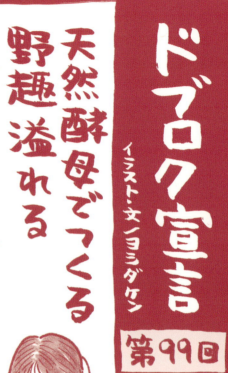

としても活動している。

「ワインづくりは10月に入って山仕事をしている主人が採ってきたものを使います」

一子さんはまず山ブドウで天然酵母をつくる。

その酵母を使ったワインは野性の味そのままに酸味と甘味のバランスが絶妙。

甘いブドウジュースから発酵途中の「おいしいドブロク」、そしてワインになるまで、毎日の変化を味わう。

これが一子さんの楽しみ方である。

仕込み
山ブドウ（5kg）は洗わず房から摘み取り小分けしてつぶす
漂白していない砂糖
素精糖（400g）
まるごと入れる
材料を入れ毎日かき混ぜる。フタもする。
2日目、シュワシュワしてくる。
4、5日後にはシュワシュワがおさまり搾りの工程に入る
天然酵母
ワインを仕込む3日前に、つぶした山ブドウの実（2房分）を水（750ml）の入ったビンに入れて軽くフタをする。ブドウが浮いてシュワシュワしたら完成
搾り
ザルで漉す
カスを木綿袋に入れて搾る
720mlのビン4本分冷蔵庫に保管
この方法でリンゴ、サルナシなど材料を変えてワインづくりをしている

ドブロク宣言

イラスト・文／ヨシダケン

第120回

とれすぎたブルーベリーでお手軽ワイン

千葉二子さん

幼い頃から生ゴミを肥料にして家庭菜園に再利用していた母親を見て育った千葉二子さん。現在は家庭菜園の他に友人の実家と畑を借りて毎週、2泊3日で農業をしている。つくっているのは

害獣の侵入防止柵を竹で自作。高さ130cmの丸竹を畑を囲むように等間隔に地下に40cm埋めて支柱にする。半分に割った竹で支柱の前後から横に挟み隙間にササの枝を入れる

ジャガイモ、ネギ、ニラ、ハヤトウリ、モロヘイヤなど。農家ユーチューバーを参考にしている。

千葉さんの農業のバイブルは『自給農業のはじめ方』で、自分の食い扶持は自分でまかなう、を目標にしている。

楽しみは敷地内にある果樹。手入れもしないのにブルーベリーをはじめいろんな果実がとれる。

生で食べきれないときはワインやジャム、ソフトクリームにして農業を満喫している。

軽く洗った
ブルーベリー
（2kg）
水（500ml）
材料を入れて
ミキサーにかける
砂糖
（300g）
ドライイースト（3g）
ミキサーでドロドロにした
ブルーベリーを広口瓶に
移したら、ドライイーストを
加えて虫よけに瓶口に
布でフタをする
仕込み直後から発酵が
始まる。1週間後、アルコール
の味がしてから搾る
金ザルで搾り、さらに
金ザルに残ったカスを
さらしで搾ったら
ビン詰めして軽く
フタをする。フタを
きつくすると破裂して
しまう
甘めのワインのでき
あがり。まだ発酵が
続いているのでスパー
クリングワインのよう

『農家が教える　自給農業のはじめ方　自然卵・イネ・ムギ・野菜・果樹・農産加工』中島正著、農文協
（オンデマンド版 2090 円。注文は amazon や楽天ブックス）

森のシードルとスパイスシードル

●櫻井なつき

シードルにスパイスや樹木の風味をプラス。
針葉樹のスーッとした香りはクリスマスにもぴったり。
スパイスシードルはピリッと辛口で食事にもよく合います。

（写真：小林キユウ、スタイリング：本郷由紀子、以下すべて）

今回紹介したレシピは、どの品種でもつくれます。加工に向く品種といえば紅玉がありますが、最近、外国生まれの調理用品種が国内でも生産され、直売所やネット通販などで入手できるようになりました。機会があればぜひ使ってみてください。

【ブラムリー】
イギリス原産。甘みが少なく、生食に向かないほど酸味が強い。加熱しても香りが落ちず、すぐに煮溶ける。

【グラニースミス】
オーストラリア原産。フレッシュで酸味が控えめ、加熱すると甘みが増す。茶色くなりにくく、生でサラダなどにも使われる。

【紅玉】
アメリカ原産。日本には明治時代に導入された。小ぶりでかたく、酸味が強い。加熱すると甘みが増す。

（アドバンストブルーイング㈱）

これもおすすめ

ベルジャンホワイト風シードルのつくり方

ホップを加えて
ビアライクに仕上げた
シードルです。

材料（800mℓ分）
果汁100%リンゴジュース…1ℓ
ドライイースト…1g
グラニュー糖…ビン詰めする際のシードル1ℓ当たり9g
ペレットホップ…2g
水…250mℓ
コリアンダーシード…約1g
オレンジピール…約2g
1.5ℓの炭酸用ペットボトル

つくり方

❶鍋に分量の水で湯を沸かし、沸騰したらホップを入れ、フタをして弱火で25分煮る。
❷❶にコリアンダーシードとオレンジピールを加え、フタをして5分煮る。火を止めて10分蒸らし、茶こしでこす。
❸リンゴジュースと❷をペットボトルに入れ、よく振りイーストを入れる。軽く振ってゆるくフタをするかラップをかけて暖かい場所に置く。
❹森のシードル、スパイスシードルのつくり方❹と同じ

シードルのつくり方

材料（各800mℓ分）
果汁100%リンゴジュース…各1ℓ
ドライイースト…各1g
グラニュー糖…ビン詰めする際のシードル1ℓ当たり9g

【森のシードル】
針葉樹（オーク、ヒノキ、スギ、マツなど）の葉…3g（沸騰した湯で2分煮て殺菌する）

【スパイスシードル】
アニス…1/4かけ
カルダモン…1粒
クローブ…1粒
ショウガ…1/2かけ
水…250mℓ
1.5ℓの炭酸用ペットボトル

つくり方

❶森のシードルは、リンゴジュースと葉をペットボトルに入れる。スパイスシードルは、鍋に分量の水で湯を沸かしスパイスを入れたら2分弱火で沸騰させる。火を止めて10分蒸し、茶こしでこす。こした液とリンゴジュースをペットボトルに入れる。
❷❶をよく振り、イーストを入れる。軽く振ってゆるくフタをするか、ラップをかけて暖かい場所に置く。
❸1日ほどで発酵が始まり、炭酸ガスの細かい泡が上がってくる。3〜7日で泡が出なくなったら発酵終了。
❹❸にグラニュー糖を加えきつくフタを閉めて密閉し、さらに2〜3日おいてボトルがパンパンに膨らんだら冷蔵庫に入れる。冷やして飲む。

農家の傑作果実酒

まとめ・編集部／イラスト・飯島満

Norontan
375ml　1852円（税抜）
のろんたん　TEL.0986-36-0550

果実のおいしさが凝縮
ブルーベリーワイン「Norontan」
（宮崎県都城市・ブルーベリー農園のろんたん）

13年前に脱サラで果樹農家になり、おいしさに惹かれてブルーベリーを栽培。当初よりこれでワインがつくれないものかと考え、何年かは福岡のワイン業者に委託醸造して自家用に楽しんでいた。2013年からは（有）都城ワイナリーに醸造を依頼。道の駅都城で限定販売することにした。近隣のブルーベリー農家とも協力して約300kgを仕込み、年間500本ほど生産。アルコール度数は6%で女性向けの甘くやさしい味わいに仕上がり、完売した。今年は500kgを仕込む予定で、地元食品スーパーとも商談中。

生果のない時期でもブルーベリーをアピールできるし、地域の皆さんに「都城でブルーベリーワインができる」と喜んでいただき、笑顔でお話しできるのが楽しい。雇用も増やしたい。（代表 中山涼一）

和のリンゴワイン
シードル「タムラシードル」
（青森県弘前市・タムラファーム）

台風で落ちたり傷がついたリンゴを生かせないか模索していたところ、京都の丹波ワインと知り合い、2013年から委託醸造を開始。14年に弘前市がシードル特区に認定されてからは、小規模ながらも自分で醸造することにした。年間製造量は8kl。サンふじ、王林、ジョナゴールドを使用し、酵母は丹波ワインと研究してリンゴの香りや味わいを最大限に引き出すものを探した。フランス産などにはない、青森リンゴの高品質で繊細な味を活かした「和」のシードルが誕生。県内のほか東北圏などの飲食店・小売店へ販売している。

地元の方が興味をもって醸造所の見学に来てくれる。近隣のリンゴ農家でもシードル醸造を視野に入れ始めるなど、チャレンジを促すきっかけを提供できたかと考えています。（代表 田村昌司）

タムラシードル（甘口・辛口）
500ml　1200円（税抜）
タムラファーム　TEL.0172-88-3836

第5章

焼酎をつくろう

――蒸留装置から至高の一滴

自宅で蒸留しよう

ホームセンターで手に入る材料で蒸留装置を自作

●笹野好太郎さん

手づくりの蒸留装置

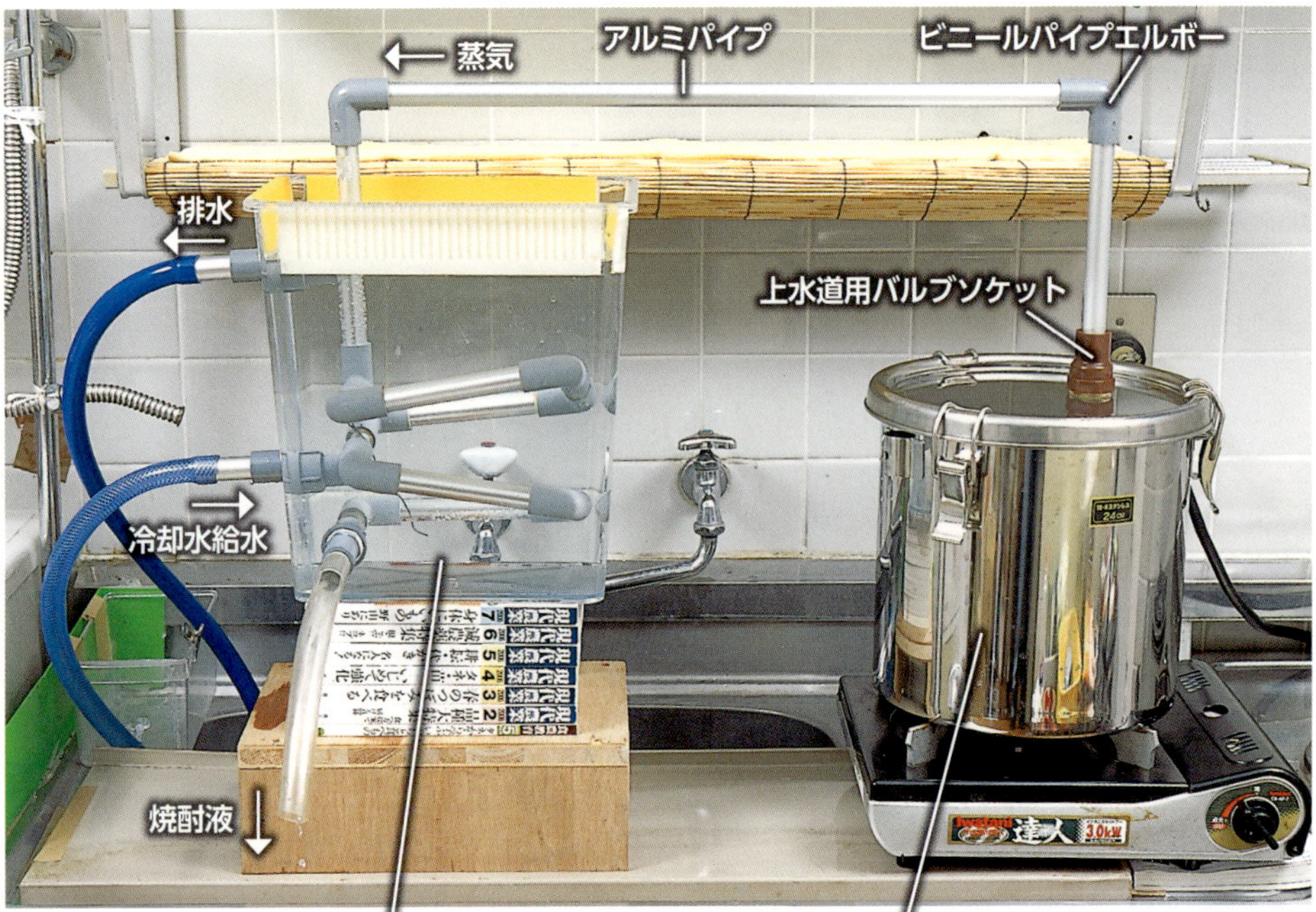

蒸気
アルミパイプ
ビニールパイプエルボー
排水
上水道用バルブソケット
冷却水給水
焼酎液
冷却部
昆虫飼育箱など
蒸留鍋
フタが密閉できるように。必要なら、
内側にパッキンなどを取り付ける

（黒澤義教撮影、下も）

ツツゥ、ポタポタ…。蒸留装置の水をくぐって冷やされ、流れ落ちてきた焼酎のしずく

焼酎とは、醸造酒を蒸留したもの。自分でつくったドブロクを搾って蒸留すれば、オリジナルの焼酎ができる。また、自分でつくった果実酒を蒸留すればブランデーになる。

焼酎づくりには蒸留装置が必要になるが、身近な材料を使ってわずかな費用で簡単に作ることができる。しかも、市販の大方の焼酎より味がよいという声もあるのだ。

上の写真は、手づくり酒愛好家の笹野好太郎さんが作った蒸留装置だ。蒸留鍋のフタの加工が難しい（近くの鉄工所に頼むのもよい）が、ホームセンターで手に入る材料で作ることができる。冷却部などは他の身近な材料で代用することもできる（次ページ図）。

至高の焼酎をつくるべく、ぜひとも蒸留装置作りに挑戦してみよう。

「焼酎が飲みたくなったときに蒸留して晩酌する」という宮崎二郎さん。お手製の蒸留器は、なんと1日で作ってしまったそうだ。

次ページの福岡五郎さんも、自作の蒸留装置を改良しながらうまい焼酎をつくり続けている。

（宮崎県）

1日で完成！　スタイリッシュな蒸留器

●宮崎二郎さん

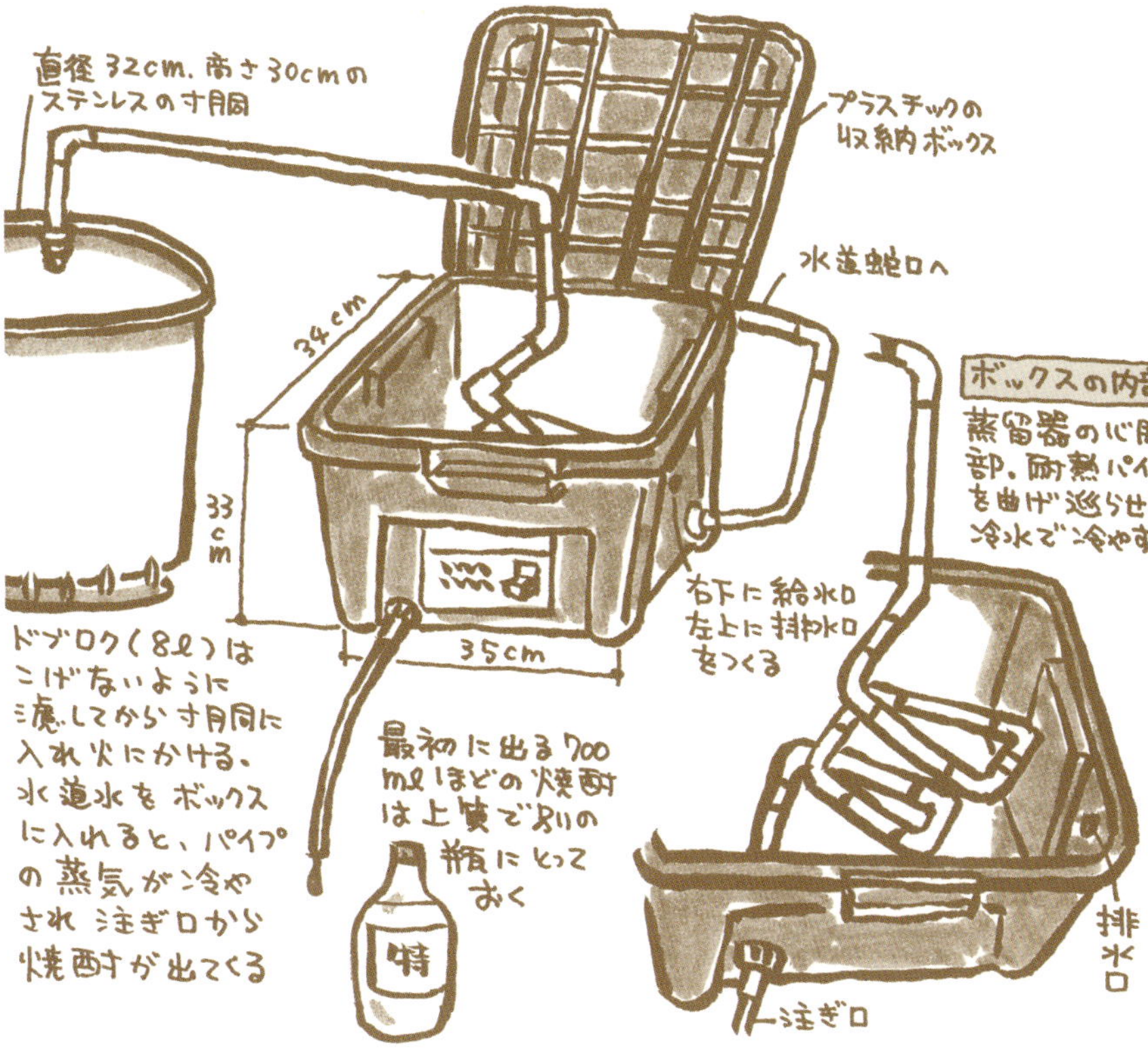

密閉鍋やパイプを使わない蒸留のやり方

●編集部

鍋の加工やパイプを組むのが大変な場合には、寸胴鍋にボウルを重ねて蒸留する方法がおすすめ。ボウルがなければ、鍋のフタを逆さまにしてもよい。酒の入った部分に水を入れ、網の上に植物の花や葉を入れると、芳香蒸留水もつくれる。

ボウルを使った蒸留方法

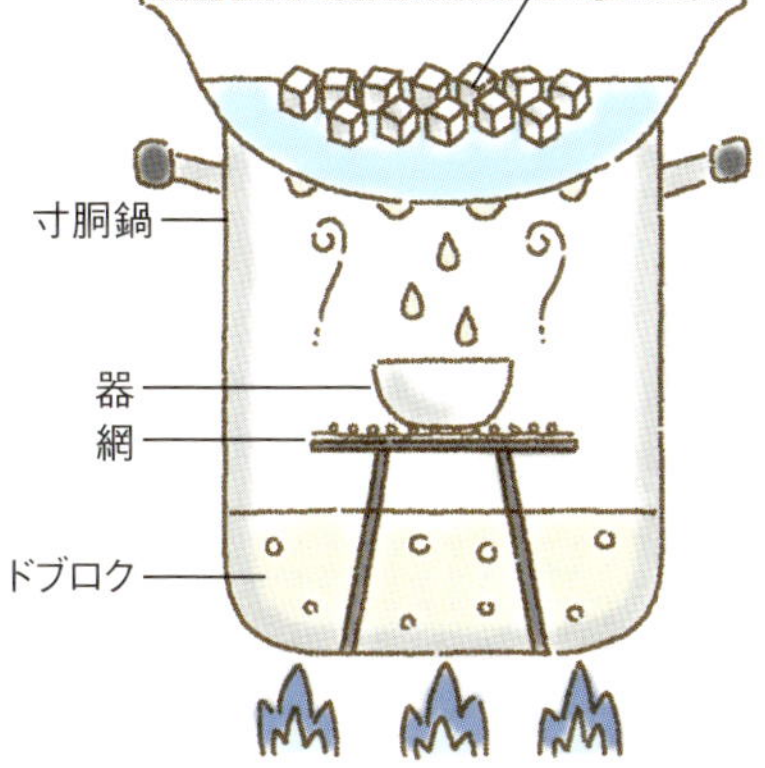

ドブロク宣言

イラスト・文 ノヨシダケン

第113回

サツマイモでドブロクを仕込む

焼きイモの香り立つ焼酎を仕込む

福岡五郎さん

有機農業や発酵に興味を持つ仲間と、20年前から共同で味噌や醤油などをつくる福岡さん。5月はビール、9月はワイン、11～12月はドブロクと焼酎をつくっている。焼酎は焼いたサツマイモと、

焼酎に焼きイモの香りを残すため、サツマイモ(6kg)は皮をむかないで3cmの輪切りにして焼く
焼酎用の種こうじでつくった米こうじ(3kg)
ドライイースト(6g)
水(9ℓ)
容器に材料を入れ焼きイモを手でつぶし常温に置く。発酵が始まったら2週間毎日1回、かき混ぜる。2週間後、上部を混ぜて気泡がなくなれば完成
ステンレスの容器

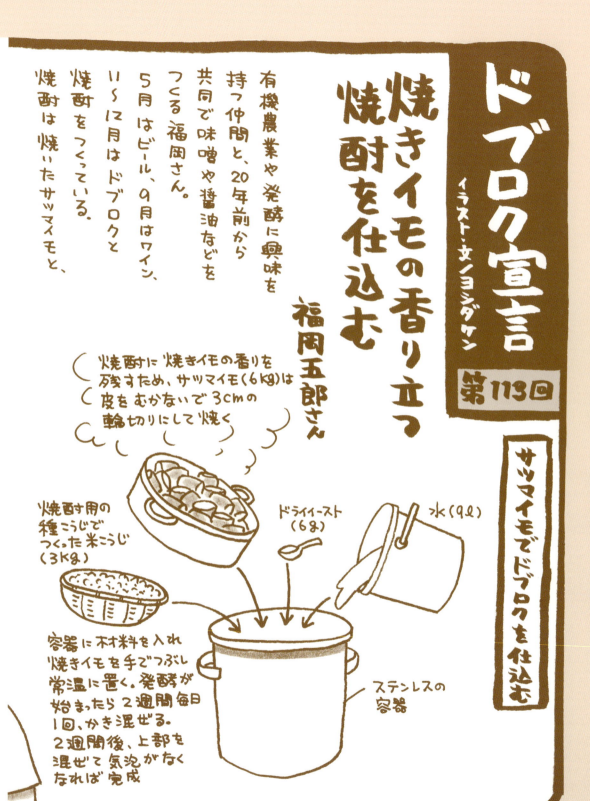

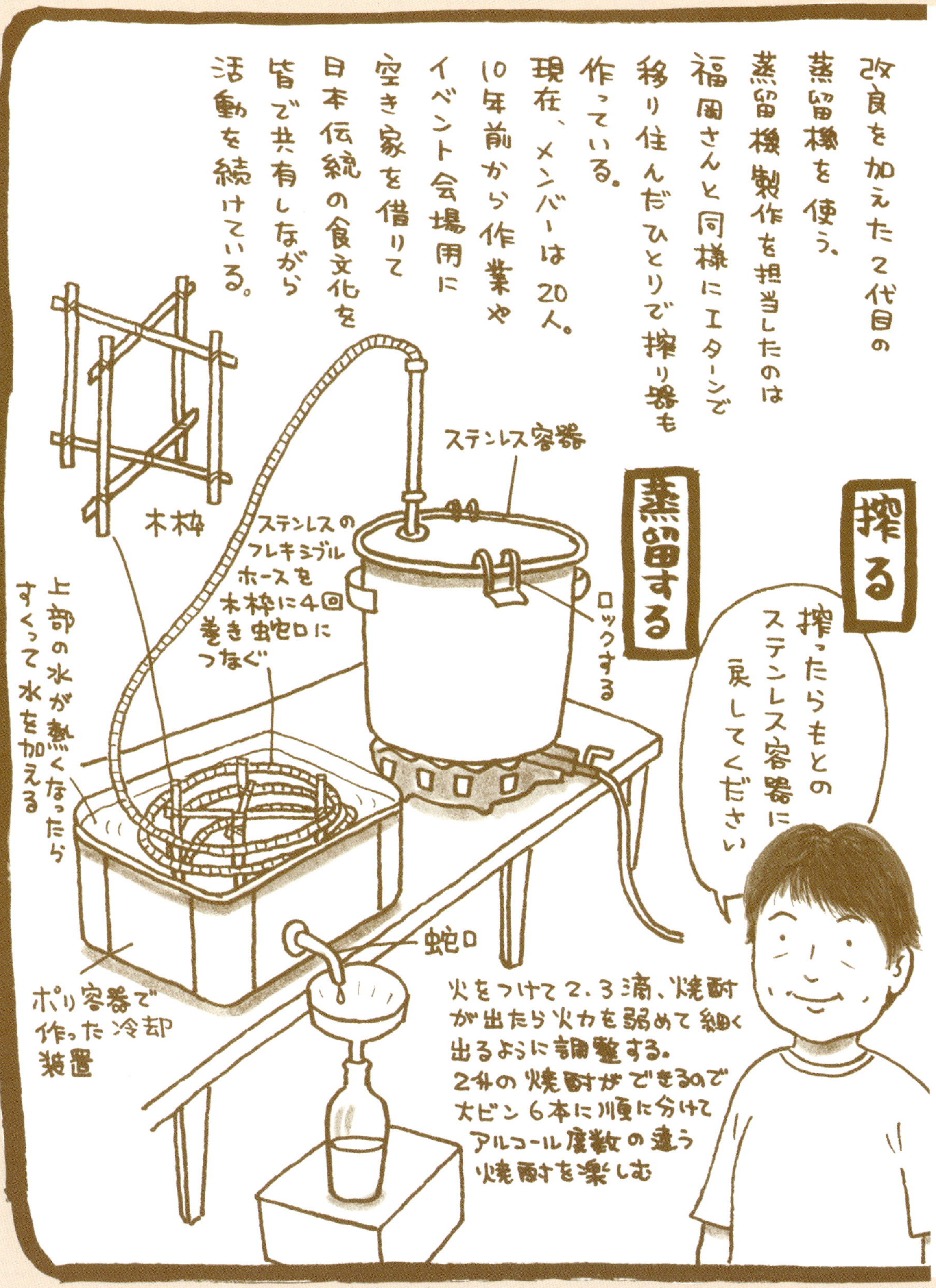
改良を加えた2代目の
蒸留機を使う。
蒸留機製作を担当したのは
福岡さんと同様にエターンで
移り住んだひとりで搾り器も
作っている。
現在、メンバーは20人。
10年前から作業や
イベント会場用に
空き家を借りて
日本伝統の食文化を
皆で共有しながら
活動を続けている。
搾る
蒸留する
ステンレス容器
ロックする
搾ったらもとのステンレス容器に戻してください
木枠
ステンレスのフレキシブルホースを木枠に4回巻き蛇口につなぐ
上部の水が熱くなったらすくって水を加える
蛇口
ポリ容器で作った冷却装置
火をつけて2.3滴、焼酎が出たら火力を弱めて細く出るように調整する。
2升の焼酎ができるので大ビン6本に順に分けてアルコール度数の違う焼酎を楽しむ

農家のおすすめ焼酎漬け

焼酎はつくって飲むだけでなく、身のまわりのものを漬けてもおいしい。

スズメバチ

疲労回復・高血圧の改善に

岐阜●安積 保

スズメバチの焼酎漬け。35度のホワイトリカー1升にオオスズメバチを40匹以上生きたまま入れてつくる

200種類以上のアミノ酸が溶け出る

スズメバチに興味を持ったきっかけは、農文協主催の日本ミツバチの講習（読者のつどい）に参加するようになって、ミツバチの敵は絶対に退治してやろうと藤原誠太先生に聞いたからです。また、本などで調べ、スズメバチの成分が身体にメチャクチャよいとわかりました。とくにオオスズメバチは焼酎漬けにすると、体内に持っている200種類以上のエキス（アミノ酸）が焼酎の中で溶け出すそうです。

つくるときは、うちで飼っているミツバチの偵察に来たスズメバチを虫網で捕って、焼酎を入れておいた広口ビンに入れるだけで一丁あがり。それを冷暗所に置き、最低でも3カ月経てば飲用できるが、それだとまだクセが強く、飲みづらかった。1年以上したら、薄い琥珀色のウイスキーの感じで、少し飲みやすくなりました。

飲めば疲労回復、虫刺されに塗ればかゆみがやわらぐ

うちは仕出しの専門店で、宮川大助・花子さんが店に来たとき飲まれて、「なにか効く感じがする」といって喜ばれました。花子さんは「いやや」といって飲まれませんでした。

一般的には毎日10cc飲み続けると疲労回復、高血圧の改善の効果があります。飲みすぎると、血圧が下がりすぎて低血圧になり、たいへんだそうです。また、心臓発作の起きる方など、毎日少しずつ飲まれるとよいともいわれています。

私はこのエキスを綿棒につけて、虫刺されの患部を冷やすのに使用しています。ミツバチに刺されたときに塗ると、かゆみがやわらぎます。

（岐阜県各務原市）

マタタビ

コップ1杯で腰痛がラクに

長崎●佐仲 勵

晩酌の1杯で効果テキメン

私は現在72歳、妻と2人でブロッコリー2ha、キャベツ10a、水稲50aの農業をしています。

10年ほど前から腰痛に悩まされてきましたが、あるとき、マタタビがいいことを知りました。薬草の本で調べて野山を探しまわり、ようやく自生するマタタビを発見しました。

マタタビは、お盆の頃になるとかわいい実をつけるので、農作業の合間をみて山に集めに行き、焼酎に漬けます。このマタタビ酒を毎晩食前にコップ1杯、梅干しを入れてロックで飲み始めたところ、腰の痛みがスーッと消えたのです。

また、マタタビの葉や茎は細かく切って天日干しにします。これを煎じて飲んだり、袋に詰めてお風呂に入れると体がポカポカ温まります。

マタタビのお陰で腰痛はずいぶんラクになったので、これからは体調と相談しながら農業をがんばりたいと思います。

（長崎県雲仙市）

自家製マタタビ酒

5ℓの容器に、蒸してから乾燥させたマタタビの実を1/3ほど入れ、35度のホワイトリカーに漬け込む。半年ほど寝かせれば完成（マタタビは焼酎を含んで膨れ、最終的に容器の1/2ほどになる）

マタタビアブラムシが寄生してコブ状になったマタタビの実（木天蓼〈もくてんりょう〉）。薬効成分が高いことから漢方薬でも重宝される

タマネギの皮

晩酌で血圧が下がった!?

兵庫●岡本耕一さん

タマネギの薄皮には、ケルセチンやプロトカテキュ酸という成分が多く含まれている。脂肪の吸収を抑えたり、血圧や血糖値を下げたり、花粉症の炎症を抑えたり、活性酸素を除去する働きなどがあるといわれている。

兵庫の岡本耕一さんが楽しんでいるのが、タマネギの皮焼酎だ。

タマネギ皮茶のティーバッグ4袋を750ccの焼酎（25度）に4日間浸けるだけ（乾かしたタマネギの皮を粉砕して焼酎に浸けてもよさそう）。きれいな琥珀色になり、味もまろやかで飲みやすい。毎晩お湯割りで1杯飲むうちに、血圧が下がったそうだ。

「夢玉酒」と名付けてラベルも手づくりするほどお気に入り

スギナ

歯痛も歯茎の腫れも引いた

島根●山田美智子さん

津和野町の山田美智子さんからスギナの面白い活用法を教えてもらいました。

春の青々としたスギナを摘み取って、しっかり水洗いして汚れを落とします。水気をふき取ったらビンにスギナを詰め、それがすべて浸るように果実酒用のホワイトリカー（35度）を注ぎ入れます。焼酎でも代用できますが、ホワイトリカーのほうが飲みやすいものができます。

漬けておけば、少しずつ茶色に変色してきます。3カ月ほどでスギナ酒が完成。ビンの中のスギナは取り出してしまいます。

「スギナは万能薬。歯痛にも、歯茎の腫れや痛みにも効くの」と山田さん、痛みを感じるときに少量のスギナ酒を原液で口に含み、患部にくぐらせてから飲んでいます。この寝しなのおちょこ1杯で痛みがなくなるそうです。

もう10年以上前からつくり続け、友人にも勧めていて、みんなから効果があると評判です。

季節の花や果実

みりんにもゼリーにも

熊本●渋谷雅代さん

季節の花や野草、果実を目にすると、じっとしていられないという湯前町の渋谷雅代さんに、焼酎漬けの活用法を聞きました。果実や花を、米焼酎と氷砂糖で1年漬けて、材料を取り出した後の焼酎を、みりん代わりに使っているそうです。雅代さんの家には焼酎漬けのビンがずらり。焼き肉やステーキのツヤだしと風味づけにはタンポポやフジなど花の焼酎漬けを、イノシシ肉や魚の臭み取りにはウメ、キンカンなどの果実の焼酎漬けと使い分けています。料理に入れることで薬効も得られるのか、焼酎漬けを使うようになったこの30年間、一度も薬を飲んだことがないというから驚きです。

さらに、焼酎漬けのアルコールを飛ばして寒天を加えれば、薬膳ゼリーもつくれるし、焼酎に漬けた果実や花をペーストにしてパンに塗ってもおいしく食べられるそうです。

青ジソ

膝の関節痛が本当に治った！

埼玉●久保栄一さん

小鹿野町の久保栄一さんは奥さんの膝痛を治しました。15年ほど前のこと。膝の関節痛に苦しむ奥さんを連れて病院に通い、高額なサプリメントもいろいろ試しましたが、治る気配はなし。諦めかけたあるときふと「関節痛に青ジソ焼酎漬けが効く」という話を聞いて、即実践。いまでもつくり続けています。

3ℓの梅酒用のガラスビンに、青ジソ200枚ぐらいと上白糖約500g、35度のホワイトリカーをなみなみ入れて、3カ月おいて真っ黒になったら完成。青ジソは搾って取り出します。「とにかく半年間は飲み続けてください」と語気を強める久保さんは、朝食後のコーヒーやお茶にスプーン1杯入れて65℃以下のぬるい温度にして飲んでいます。久保さん自身も3年前に膝の痛みが出たのですが、飲み続けて痛みが治まりました。奥さんのほうも、いまでは膝痛から完全に解放され、減ってきたら自身で青ジソ焼酎漬けをつくるようになっています。

365日毎日飲んでも2000円以下。「元気に生きるおまもりだよ」と話してくれました。

タンポポ

花を焼酎に漬けて咳止めに

北海道●宮元主美さん

昔、ばあさん（母親）が喘息持ちで、病院に行って薬をもらっても、ぜんぜん治らなかった。そんなときに「タンポポ酒が咳に効く」って聞いたから、真似してやってみたのさ。そしたら、すぐよくなった。ビックリだよ。オレはいま83歳で、このごろ咳がよく出るから、やっぱりタンポポ酒を飲んでいる。本当に具合がよくなるのさ。ありがたいね。

タンポポは春か夏に花の部分を摘んでいる。それをガクごと梅酒用の広口ビンにいっぱい入れて、35度のホワイトリカーをヒタヒタに注ぐ。それだけさ。100日経ったらエキスが十分出るから、花を取り出し、咳がひどいときに飲んでいる。量は1日にこまい盃1杯でいい。昼間飲むと飲酒運転になるからな、いつも晩に飲んでいる。

タンポポの花

農家の傑作蒸留酒

まとめ●編集部／イラスト・飯島満

もろこしの夢
720ml　1350円（税抜）

在来トウモロコシで地域団結

トウモロコシ焼酎「もろこしの夢」

（埼玉県皆野町・金沢たたらの里を愛する会）

粉にして食べる在来トウモロコシを耕作放棄地で栽培。饅頭やかりんとうにしたが使いきれず、2013 年に町内の酒造会社へ委託醸造。トウモロコシ焼酎は杜氏も初めて。実を丸ごと仕込むと皮が固くて発酵しにくいが、製粉するのは手間がかかる。皮にヒビを入れて浸水させて蒸すことで発酵しやすくなった。「めずらしい」「実の甘みがわかる」と評判だ。

> 現在は製造を中止していますが、秩父バーボン（トウモロコシのウイスキー）とともにつくる酒蔵を探し中です。（代表 四方田忠則）

イエラムサンタマリアゴールド
720ml　2700円（税抜）
伊江島蒸留所　TEL.0980-49-2885

待望の島の地酒が誕生

ラム酒「イエラム」

（沖縄県伊江村・伊江島蒸留所）

ラム酒は、サトウキビの搾り汁を発酵させて蒸留したスピリッツ。2011 年、実証実験終了となってしまった島のバイオエタノール製造所を醸造所に改造。島産サトウキビで仕込む。世界のラム酒の 95％は廃糖蜜が原料だが、これは搾り汁を丸ごと発酵させる。大変ぜいたくなつくり。

> これまで泡盛をはじめ、酒はすべて島外頼み。島の地酒は島民の長年の夢でした。自社や土産屋など島内のほか、全国にも販売しています。最近は工場見学に来る観光客も増えて誘客効果を実感。新規雇用もできました。（主任 浅香真）

掲載記事初出一覧（※発行年と月号のみの記載は『現代農業』）

米からお酒ができるまで
…………………『季刊地域』2015年秋号（No.23）
お酒の味は精米で変わる／おもな酒米
………………………………………… 2015年12月号

第1章　こうじ・甘酒をつくろう
――自然な甘み、体にもよし

誰でも簡単　ポータブルこうじづくり… 2023年8月号
稲こうじから自家製こうじ …………… 2022年2月号
酸っぱくならない　ペットボトル甘酒… 2020年1月号
味噌みたいな甘酒 …………………… 2015年11月号
赤米・黒米・緑米でカラフル甘酒 …… 2021年1月号
人気の生甘酒はドレッシングや料理にも使える
………………………………………… 2018年1月号
毎日飲んで風邪知らず　甘酒入りバナナジュース
………………………………………… 2015年8月号
甘こうじスムージー …………………… 2015年8月号

第2章　ドブロクをつくろう
――酒の濁りは文化の旨み

ドブロクは最高の発酵食品！ ………… 2023年1月号
お手軽版　ドブロクのつくり方 ……… 2023年1月号
「どぶろくを醸す会」が大盛況………… 2023年1月号
これぞ農家のドブロク　珠玉の工夫集… 2023年1月号
赤米、黒米、もち米をブレンドしたワイン風ドブロク
……………………………………… 2015年5月号
「トマトドブロク」はスパークリングワイン
………………………………………… 2024年5月号
世の中では、ドブロク愛、上昇中 …… 2023年1月号
なぜ自分で酒をつくってはいけないの？
………………………………………… 2023年1月号
昭和初期のドブロク・こうじづくり
…………………『聞き書　日本の食生活』各巻より

第3章　ビールをつくろう
――麦芽の甘さと自然な味わい

ムギからビールができるまで
…………………『季刊地域』2015年秋号（No.23）
麦芽の基本のつくり方 ………………… 2023年9月号
…………………………『食農教育』2010年11月号
水替えで発芽を促す　地場産麦芽の名物ビール
………………………………………… 2023年9月号
含水率を測れば発芽揃いが抜群に …… 2023年9月号
赤もろこしのモルト　黒い車のトランクで芽出し
………………………………………… 2023年9月号
外来ホップ品種はパワーのある香り … 2018年2月号
地場産ホップに夢中です ……………… 2022年2月号
ビールキットで手づくり　晩酌代を節約
…………………『季刊地域』2015年秋号（No.23）
委託醸造ってどうやるの？ …………… 2023年9月号
受託醸造でいろんな傑作ビールが誕生
…………………『季刊地域』2015年秋号（No.23）
農家の傑作ビール
…………………『季刊地域』2015年秋号（No.23）

第4章　ワインをつくろう
――好みの果汁と酵母で楽しむ

ブドウからワインができるまで
…………………『季刊地域』2015年秋号（No.23）
季節の果物で天然酵母生活 ………… 2006年12月号
天然酵母でつくる野趣溢れる山ブドウワイン
………………………………………… 2019年9月号
とれすぎたブルーベリーでお手軽ワイン
………………………………………… 2021年7月号
森のシードルとスパイスシードル
……………………… 『うかたま』73号（2024冬）
農家の傑作果実酒
…………………『季刊地域』2015年秋号（No.23）

第5章　焼酎をつくろう
――蒸留装置から至高の一滴

自宅で蒸留しよう …………………………… 新規記事
焼きイモの香り立つ焼酎を仕込む … 2020年12月号
農家の傑作焼酎漬け
　スズメバチ ……………………………… 2009年7月号
　マタタビ ……………………………… 2019年12月号
　タマネギの皮 …………………………… 2014年5月号
　スギナ …………………………………… 2020年5月号
　季節の花や果実 ………………………… 2015年4月号
　青ジソ …………………………………… 2024年7月号
　タンポポ ……………………………… 2019年7月号
農家の傑作蒸留酒
…………………『季刊地域』2015年秋号（No.23）

※執筆者・取材対象者の年齢、所属、記事内容等は記事掲載時のものです。

※執筆者・取材対象者の住所・姓名・所属先・年齢等は記事掲載時のものです。

撮　影
岩下　守
岡本　央
尾崎たまき
黒澤義教
小林キユウ
佐藤和恵
田中康弘
戸倉江里

カバー・表紙デザイン
髙坂　均

本文イラスト
飯島　満
河本徹朗
角　慎作
戸田さちえ
堀口よう子
ヨシダケン

本文デザイン
川又美智子

農家が教える
酒つくり
ドブロク、甘酒、ビール、ワイン、焼酎

2024年12月10日　第1刷発行

農文協　編

発行所　一般社団法人　農山漁村文化協会
郵便番号 335-0022 埼玉県戸田市上戸田2丁目2-2
電話　048(233)9351(営業)　048(233)9355(編集)
FAX　048(299)2812　振替　00120-3-144478
URL　https://www.ruralnet.or.jp/

ISBN978-4-540-24160-4　DTP制作／農文協プロダクション
〈検印廃止〉　印刷･製本／TOPPANクロレ㈱

定価はカバーに表示
乱丁・落丁本はお取り替えいたします。